建筑工程设计常见问题汇编
暖 通 分 册

孟建民　主　编
陈日飙　执行主编
深圳市勘察设计行业协会　组织编写

中国建筑工业出版社

图书在版编目（CIP）数据

建筑工程设计常见问题汇编. 暖通分册 / 孟建民主
编；深圳市勘察设计行业协会组织编写. —北京：中
国建筑工业出版社，2021.1（2021.6重印）
ISBN 978-7-112-25852-9

Ⅰ. ①建…　Ⅱ. ①孟…　②深…　Ⅲ. ①房屋建筑设备
-采暖设备-建筑设计-问题解答②房屋建筑设备-通风
设备-建筑设计-问题解答③房屋建筑设备-空气调节设
备-建筑设计-问题解答　Ⅳ. ①TU2-44

中国版本图书馆 CIP 数据核字（2021）第 023383 号

责任编辑：费海玲　焦　阳
责任校对：张惠雯

建筑工程设计常见问题汇编　暖通分册

孟建民　主　　编
陈日飙　执行主编
深圳市勘察设计行业协会　组织编写

*

中国建筑工业出版社出版、发行（北京海淀三里河路 9 号）
各地新华书店、建筑书店经销
北京鸿文瀚海文化传媒有限公司制版
北京富诚彩色印刷有限公司印刷

*

开本：880 毫米×1230 毫米　1/16　印张：10¾　字数：262 千字
2021 年 2 月第一版　　2021 年 6 月第二次印刷
定价：**60.00** 元
ISBN 978-7-112-25852-9
（36700）

《建筑工程设计常见问题汇编》
丛书总编委会

编委会主任：张学凡

编委会副主任：高尔剑　薛　峰

主　　　编：孟建民

执 行 主 编：陈日飙

副　主　编：（按照专业顺序）

　　　　　　林　毅　杨　旭　陈　竹　冯　春　张良平

　　　　　　张　剑　雷世杰　李龙波　陈惟崧　汪　清

　　　　　　王红朝　彭　洲　龙玉峰　孙占琦　陆荣秀

　　　　　　付灿华　刘　丹　王向昱　蔡　洁　黎　欣

指 导 单 位：深圳市住房和建设局

主 编 单 位：深圳市勘察设计行业协会

序

　　40 年改革创新，40 年沧桑巨变。深圳从一个小渔村蜕变成一座充满创新力的国际化创新型城市，创造了举世瞩目的"深圳速度"。2019 年《关于支持深圳建设中国特色社会主义先行示范区的意见》的出台，不仅是对深圳过去几十年的创新发展路径的肯定，更是为深圳未来确立了创新驱动战略。从经济特区到社会主义先行示范区，深圳勘察设计行业是特区的拓荒牛，未来将继续以开放、试验和示范的姿态，抓住粤港澳大湾区建设重要机遇，为社会主义先行示范区的建设添砖加瓦。

　　2020 年恰逢深圳经济特区成立 40 周年。深圳勘察设计行业集结多方技术力量，总结经验、开拓进取，集百家之长，合力编撰了《建筑工程设计常见问题汇编》系列丛书，作为深圳特区成立 40 周年的献礼。对于工程设计的教训和问题的总结，在业内是比较不常见的，深圳的设计行业率先将此类经验整合出书，亦是一种知识管理的创新。希望行业同仁深刻认识自身的时代责任，再接再厉、砥砺奋进，坚持践行高质量发展要求，继续助力深圳成为竞争力、创新力、影响力卓著的全球标杆城市！

2021 年 1 月

前　言

2020 年，深圳市经济特区建立四十周年，深圳从 1980 年的小渔村变成今天的国际化大都市，文化体育、医疗卫生、商业办公、港口码头等建筑在深圳这片热土上如花园胜境，似高山耸立。

习近平总书记 2020 年 10 月 14 日《在深圳经济特区建立 40 周年庆祝大会上的讲话》中说："广东是改革开放的排头兵、先行地、实验区，是建立经济特区时间最早、数量最多的省份。深圳是改革开放后党和人民一手缔造的崭新城市，是中国特色社会主义在一张白纸上的精彩演绎。深圳广大干部群众披荆斩棘、埋头苦干，用 40 年时间走过了国外一些国际化大都市上百年走完的历程。这是中国人民创造的世界发展史上的一个奇迹。"

深圳今天的建筑成绩也有我们奋斗在建筑设计领域的暖通设计师的心血和汗水。

随着建设项目越来越多、建筑项目越来越复杂，在项目建设中，暖通设计、安装、运行、维护等环节暴露出来的问题越来越多，有些低端的错误也屡见不鲜，并且不断地重复地出现相同的错误。比如冷负荷计算中人员数量不取整出现小数，比如设计依据中废止的规范，比如人防设计中 2012 年已经淘汰的 SR 型过滤吸收器，比如值班室、控制室等属于办公所的新风问题。还有就是一些对今后项目使用甚至行业发展有影响的问题，例如冷源主机的选型问题，冷却塔用简单放大冷却水流量选型问题，设备布置不考虑隔振降噪问题，废气排放不考虑环境保护问题等。

本书的初衷不是解决设计过程中出现的疑难问题，而是面向参加工作不到 5 年的暖通设计师群体。一个项目的复杂问题、系统设定一般由设计院资深的设计师或总工们分析、讨论、确定，由于深圳的快节奏，总工们往往无法顾及一些简单的、细节的、制图方面的问题，故此，本书收集一部分设计中常见的问题，让年轻的设计师阅读、学习，尽量避免一些常见错误的重复出现。本书还可以作为新员工的培训教材，希望能对刚进入设计行业的同行们提供一定的指导和借鉴。

为方便年轻的暖通设计师阅读，本书章节的安排参考了国家标准《民用建筑供暖通风与空气调节设计规范》GB 50376—2012 的章节安排方式，内容上增加了暖通设备选型、蓄冷、人防通风等章节。

本书的编写过程中得到了深圳市勘察设计行业协会领导及秘书处的大力支持，得到了深圳市各大设计院的暖通设计师的支持，收集的问题超过 400 条，通过整理收录了 190 余条，在此对提供素材的暖通专业同行表示感谢。因为有些问题雷同，本书最后对采纳问题的人员名单进行了统计，如有不妥之处，请理解原谅。

本书的编撰任务紧、时间仓促，另外编写人水平有限，书中难免有不到或错误之处，敬请广大暖通专业同行、专家老师批评、指正。

目　　录

第1章　参数

1.1　设计说明

问题【1.1.1】

问题描述：

设计依据中存在版本过期或已经废止的规范、标准。

原因分析：

1）近年来各专业设计规范更新变化较大，部分标准规范修订较频繁。

2）一些标准规范的汇编文件，没有及时更新，例如《工程建设标准强制性条文·房屋建筑部分》（2013年版）中部分内容已修订或删除。

3）一般情况下，部分根据国家规范编制的地方标准、实施细则等在国标更新实施时同时废止，例如《公共建筑节能设计标准》更新至GB 50189—2015，《公共建筑节能设计标准广东省实施细则》DBJ 15—51—2007应废止，类似规范不应作为设计依据。

应对措施：

1）结合项目实际情况选用项目涉及的设计规范、标准、其他政策性指引文件等。

2）设计人应及时了解所采用规范的版本有效性，定期进行核查、汇编。

3）设计图纸校审期间逐项核查设计依据合理性及版本号。

4）截至2020年8月30日暖通专业常用标准规范统计见表1.1.1。

暖通专业常用标准规范表　　　　　　　　　　　　　　　表1.1.1

序号	标准规范名称	版本号
1	《民用建筑供暖通风与空气调节设计规范》	GB 50736—2012
2	《建筑设计防火规范》	GB 50016—2014(2018年版)
3	《建筑防烟排烟系统技术标准》	GB 51251—2017
4	《汽车库、修车库、停车场设计防火规范》	GB 50067—2014
5	《公共建筑节能设计标准》	GB 50189—2015
6	《建筑机电工程抗震设计规范》	GB 50981—2014
7	《民用建筑热工设计规范》	GB 50176—2016
8	《民用建筑绿色设计规范》	JGJ/T 229—2010
9	《绿色建筑评价标准》	GB/T 50378—2019
10	《通风与空调工程施工质量验收规范》	GB 50243—2016
11	《通风与空调工程施工规范》	GB 50738—2011
12	《工业设备及管道绝热工程设计规范》	GB 50264—2013

续表

序号	标准规范名称	版本号
13	《民用建筑设计统一标准》	GB 50352—2019
14	《锅炉大气污染物排放标准》	GB13271—2014
15	《锅炉房设计标准》	GB 50041—2020
16	《中小学设计规范》	GB 50099—2011
17	其他地方性标准、细则等	

问题【1.1.2】

问题描述：

室内设计参数标注为温度24～26℃、相对湿度40％～60％。如表1.1.2-1所示：

某项目设计室内参数表　　　　　　　　　　　　　表1.1.2-1

房间名称	夏季		冬季		人员标准	新风量
	温度/℃	湿度/%	温度/℃	湿度/%	m²/人	m³/(h·人)
客房	23～25	45～60	20～22	35～40	2人/间	50
套房	23～25	45～60	20～22	35～40	—	2m³/h·m²
商务中心	23～25	45～60	20～22	35～40	10	30
行政酒廊	23～25	45～60	20～22	35～40	5	35
大堂吧、前厅	23～25	45～60	20～22	35～40	10	25
宴会厅/多功能厅	23～25	45～60	20～22	35～40	按座位	15

原因分析：

1）设计师没有充分理解设计、计算应按照一个室内空气状态点的基本原则要求。

2）国家规范给出的范围，是用来指导设计在规定的范围内选取设计点状态参数，例如《民用建筑供暖通风与空气调节设计规范》GB 50736—2012第3.0.2条，要求设计参数符合相关规定。

3.0.2　舒适性空调室内设计参数应符合以下规定：

1　人员长期逗留区域空调室内设计参数应符合表3.0.2的规定：

人员长期逗留区域空调室内设计参数　　　　　　表3.0.2

类别	热舒适度等级	温度/℃	相对湿度/%	风速/(m/s)
供热工况	Ⅰ级	22～24	≥30	≤0.2
	Ⅱ级	18～22	—	≤0.2
供冷工况	Ⅰ级	24～26	40～60	≤0.25
	Ⅱ级	26～28	≤70	≤0.3

注：1　Ⅰ级热舒适度较高，Ⅱ级热舒适度一般；
　　2　热舒适度等级划分按本规范第3.0.4条确定。

2　人员短期逗留区域空调供冷工况室内设计参数宜比长期逗留区域提高1～2℃，供热工况宜降低1～2℃。短期逗留区域供冷工况风速不宜大于0.5m/s，供热工况风速不宜大于0.3m/s。

应对措施：

1）结合负荷计算、设备选型计算，理解设计是一个状态点。

2）规范标准规定的范围是让设计在范围内选取，运行是有波动范围控制，因此，设计、运行的参数选取、设定，都是一个状态点，不是范围。示例如表 1.1.2-2：

室内设计参数示例 表 1.1.2-2

房间名称	夏季		冬季		人员标准	新风量
	温度/℃	湿度/%	温度/℃	湿度/%	m²/人	m³/(h·人)
客房	24	55	22	35	2人/间	50
套房	24	55	22	35	—	2m³/h·m²
商务中心	25	55	20	35	10	30
行政酒廊	25	55	22	35	5	35
大堂吧、前厅	25	55	20	35	10	25
宴会厅/多功能厅	25	55	22	35	按座位	15

问题【1.1.3】

问题描述：

车库及设备用房通风量计算时，相关参数取值有误或不合理，造成空间空气环境质量不佳、影响设备正常运行等。

原因分析：

设计人员不清楚车库及设备用房通风需求及系统设置原因，盲目设计。

应对措施：

1）汽车库通风（简化计算）：

（1）住宅停车库由于车辆出入频次较低，换气次数可按 4 次/h 取值，层高大于 3m 的按照 3m 计算，层高不足 3m 的按实际高度取值；

（2）商业单层停车库按 6 次/h 取值；双层或多层车库需要按照稀释浓度法算，并对比 6 次/h 通风量取大值（参照上一条，层高按 3m）。

2）变配电房通风：

根据《民用建筑供暖通风与空气调节设计规范》GB 50736—2012 第 6.3.7 条第 4 款规定："设置在地下的变配电房送风气流宜从高低压配电区流向变压器区，从变压器区排至室外，排风温度不宜高于 40℃。当通风无法保障变配电室设备工作要求时，宜设置空调降温系统（尤其夏热冬暖及夏热冬冷地区）。变配电房通风量计算应按消除设备发热量计算，采用气体灭火的房间，通风量不低于 5 次/h。

"变配电室火灾时采用气体灭火时（详水专业图纸），按排出设备发热量设计排风系统兼火灾后排风系统，并按排风量的 80% 设进风系统。风管穿越配电室气体防护区设自动复位防火阀，平时常开，火灾时电动关闭，火灾后自动复位打开并联锁启动风机排除废气。"

3）制冷机房通风量：

制冷机房冬季室内温度不宜低于10℃，冬季值班温度不应低于5℃，夏季不宜高于35℃。平时通风换气次数取4～6次/h，事故通风应不低于12次/h。

4）生活、消防水泵房通风量：可按换气次数取4～6次/h计算，华南地区应不低于6次/h。

5）污水泵房、中水泵房、隔油池机房等通风：应设独立排风系统单独排出室外，排风量可按换气次数取8～12次/h计算。

6）柴油发电机房通风量：

柴油发电机房内应考虑全面排风、发电机运行时的余热排风、补风等。通风量根据设备实际参数计算，排风量包括机组自身排风量和保持负压所需的通风量；补风量为排风量与燃烧空气量之和；储油间设置平时通风系统，换气次数应不低于12次/h。建议设计注明柴油机燃料为丙类柴油，减少其他审查人对系统设计的疑问。

7）锅炉房通风量：

根据《建筑设计防火规范》GB 50016—2014（2018年版）第9.3.16条规定：燃油或燃气锅炉房应设置自然通风或机械通风设施。燃气锅炉房应选用防爆型的事故排风机。当采取机械通风时，机械通风设施应设置导除静电的接地装置，通风量应符合以下规定：

（1）燃油锅炉房的正常通风量应按换气次数不小于3次/h确定，事故排风量应按换气次数不小于6次/h确定；

（2）燃气锅炉房的正常通风量应按换气次数不小于6次/h确定，事故排风量应按换气次数不小于12次/h确定。

应注意独立通风系统应采用独立风机、风道及竖井，当确无条件需合用风井时，各系统应于管井内设独立内衬风道。无毒无害的设备间，没有必要负压通风。

问题【1.1.4】

问题描述：

某餐饮商铺或商业排油烟系统预留排油烟量偏小，造成排油烟管井预留较小、租户油烟排放不通畅，影响经营及整体商业区域空气环境（图1.1.4）。

原因分析：

餐饮区域排油烟量不具备精确计算条件，排油烟量估算及支管预留设计较为随意。

应对措施：

1）餐饮厨房应根据厨房工艺校核排油烟风量，当无工艺设计时建议按第2）条进行估算预留。

2）设计餐饮租户厨房排油烟时，按照餐饮租户面积的1/3确定厨房面积，厨房高度按照3m计算：

（1）餐饮租户面积不大于20m²时，排油烟量不宜小于4000m³/h；

（2）餐饮租户面积不大于40m²时，排油烟量不宜小于8000m³/h；

（3）餐饮租户厨房面积大于40m²时，排油烟量可按换气次数60～80次/h。

3）美食广场餐饮档位按照档位面积计算，厨房高度按照3m计算，排油烟量可按换气次数

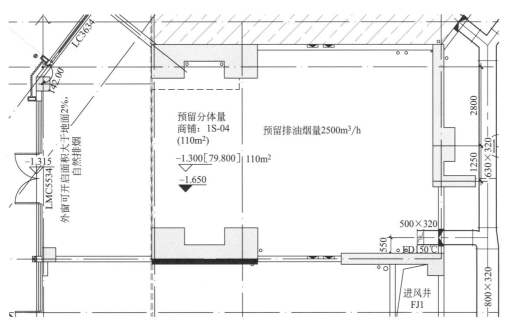

图 1.1.4　商铺排油烟平面图

80~100 次/h 且不宜小于 8000m³/（h·档位）计算。

4）竖向合用排油烟井应设置内衬风道，其净面积计算时风速不宜低于 10m/s，不宜超过 15m/s，且应考虑风管绝热及安装空间。

5）餐饮排油烟设计同时考虑补风问题，尤其寒冷地区，要考虑风平衡、热平衡。

问题【1.1.5】

问题描述：

某办公项目中空调系统冷水供回水温度设计为 6/13℃大温差，末端设备参数表中显示设备选型是按照 7/12℃进行的选型，换热盘管、水流量参数是对应的 7/12℃参数。设计设备表参数见表 1.1.5-1、表 1.1.5-2：

某酒店项目冷电制冷冷水机组性能参数表　　　　　　　　　表 1.1.5-1

序号	工况	设备编号	设备型式	工况	制冷量		供电要求		使用冷媒	能效比	冷水温度/℃		冷水流量/（m³/h）	冷却水温度/℃		冷却水流量/（m³/h）
					kW	t	电量/kW	电压N			进水	出水		进水	出水	
1	制冷	R-1、2、3	螺杆式	名义工况	1011	288	180	380V	R-134a	5.61	13	6	174	30	35	216.8
				设计工况	986.0	280	196.6	380V	R-134a	5.17	13	6	169.3	32	37	203.2

某酒店客房风机盘管材料明细表　　　　　　　表 1.1.5-2

序号	名称	型号	个数	中档风量	中档制冷性能	中档制热性能
1	卧式暗装风机盘管	002	/	$L=270\text{m}^3/\text{h}$	$Q=1.30\text{kW}$ 水阻力:16.7kPa 水流量:0.048L/s	$Q=2.96\text{kW}$ 水阻力:18.3kPa 水流量:0.071L/s
2	卧式暗装风机盘管	003	10	$L=390\text{m}^3/\text{h}$	$Q=1.92\text{kW}$ 水阻力:29.8kPa 水流量:0.071L/s	$Q=3.67\text{kW}$ 水阻力:34.2kPa 水流量:0.088L/s
3	卧式暗装风机盘管	004	41	$L=520\text{m}^3/\text{h}$	$Q=2.36\text{kW}$ 水阻力:50.3kPa 水流量:0.087L/s	$Q=5.44\text{kW}$ 水阻力:80.1kPa 水流量:0.130L/s
4	卧式暗装风机盘管	005	/	$L=640\text{m}^3/\text{h}$	$Q=2.98\text{kW}$ 水阻力:34.4kPa 水流量:0.110L/s	$Q=6.69\text{kW}$ 水阻力:62.3kPa 水流量:0.160L/s
5	卧式暗装风机盘管	006	15	$L=730\text{m}^3/\text{h}$	$Q=3.46\text{kW}$ 水阻力:35.6kPa 水流量:0.127L/s	$Q=7.41\text{kW}$ 水阻力:49.8kPa 水流量:0.177L/s
6	卧式暗装风机盘管	008	201	$L=1000\text{m}^3/\text{h}$	$Q=4.69\text{kW}$ 水阻力:21.5kPa 水流量:0.172L/s	$Q=10.12\text{kW}$ 水阻力:30.8kPa 水流量:0.242L/s
7	卧式暗装风机盘管	010	45	$L=1290\text{m}^3/\text{h}$	$Q=5.80\text{kW}$ 水阻力:28.5kPa 水流量:0.213L/s	$Q=12.5\text{kW}$ 水阻力:41.5kPa 水流量:0.299L/s

本表所列参数基于以下条件:△中速运行　△供冷进风温度:23.0(DB)/16.5(WB)℃　△冷水供水温度:7℃　△供回水温差:5℃　△供热进风温度:22.0(DB)℃　△热水供水温度:60℃

原因分析：

1）水系统设计与末端设计人员不是同一个人，造成设计参数选取不一致。

2）设计选型为根据工况修正。

应对措施：

1）施工图设计启动阶段应编写专业内统一技术措施，各设计人员充分学习交底。

2）专业负责人应进行全面校核。

3）目前各厂家提供的风机盘管换热能力参数是基于冷水参数 7/12℃，当冷源冷水设计参数（如大温差主机、末端等）与标准产品冷水运行参数存在差异时，应及时与厂家校核各项换热、风量、噪声参数，保证系统合理、可行。

问题【1.1.6】

问题描述：

设计采用的室外气象参数不是项目所在地参数，造成冷却塔选型偏小，例如湛江某项目，设计误采用深圳的气象参数，深圳市夏季空气调节室外计算湿球温度为 27.5℃，湛江市夏季空气调节室外计算湿球温度为 28.1℃；相同的冷却能力需求，按照深圳市气象参数选型的冷却塔不能满足湛江市的使用需求。

原因分析：

1）气象参数参考数据取值城市选择错误。

2）设计通用说明时忘记修改参数，后期设备选型未查找规范中项目所在地参数。

应对措施：

1）充分理解并重视参数取值错误对设计的影响。

2）某冷却塔厂家选型，设计参数冷却水量 400m³/h，冷却水温度参数 32/37℃，按照深圳市、湛江市夏季空气调节室外计算湿球温度的选型见图 1.1.6-1、1.1.6-2；根据选型结果，放大 1.05～1.1 进行设计选型，深圳地区选标况 400 型号塔，湛江地区选标况 450 型号塔（图 1.1.6-1、图 1.1.6-2）。

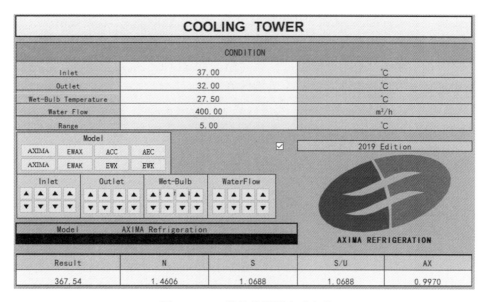

图 1.1.6-1 某品牌深圳地区选型

注：选型结果是相对冷却塔湿球温度 27.5℃、进出水 37/32℃ 的工况的相对值

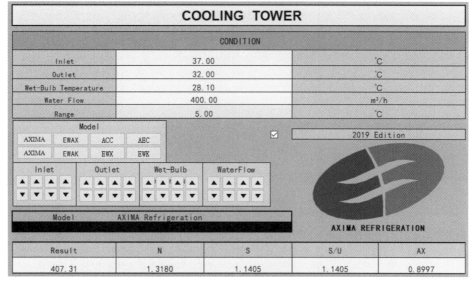

图 1.1.6-2 某品牌湛江地区选型

注：选型结果是相对冷却塔湿球温度 28.1℃、进出水 37/32℃ 的工况的相对值

1.2　计算书

问题【1.2.1】

问题描述：

逐时冷负荷计算书中采用的热工参数均为《公共建筑节能设计标准》GB 50189—2015 中的上限值，与建筑专业节能计算参数不一致。

原因分析：

1)《公共建筑节能设计标准》GB 50189—2015 第 3.3.1 条规定："根据建筑热工设计的气候分区，甲类公共建筑的围护结构热工性能应分别符合表 3.3.1-1～表 3.3.1-6 的规定。当不能满足本条的规定时，必须按本标准规定的方法进行权衡判断。"设计计算前期，建筑专业热工参数不稳定，暖通设计师采用规范限值进行逐项逐时的冷负荷计算。

2) 待建筑专业节能计算确定参数后，未进行热工参数的重新输入。

3) 许多项目热工参数微调，对计算结果影响很小，不会涉及大的负荷变化，设计师重视度不足。

应对措施：

暖通设计应根据建筑专业确定的热工参数进行重新输入，校核计算结果，示例如表 1.2.1。

成都某酒店项目建筑围护结构参数表　　　　　　　　　　　　表 1.2.1

			设计建筑			节能限值		
屋顶传热系数 $K/[W/(m^2 \cdot K)]$			0.43(D:3.57)			0.50		
外墙(包括非透明幕墙) 传热系数 $K/[W/(m^2 \cdot K)]$			0.43(D:9.27)			0.80		
屋顶透明部分传热系数 $K/[W/(m^2 \cdot K)]$			—			—		
屋顶透明部分太阳得热系数			—			—		
底面接触室外的架空或外挑楼板传热系数 $K/[W/(m^2 \cdot K)]$			0.73			0.70		
外窗(包括透明幕墙)	朝向	立面	窗墙比	传热系数	太阳得热系数	窗墙比	传热系数	太阳得热系数
	南向	南—默认立面	0.31	1.90	0.24	0.31	2.60	0.40
	北向	北—默认立面	0.38	1.90	0.21	0.38	2.60	0.44
	东向	东—默认立面	0.03	1.90	0.33	0.03	3.50	—
	西向	西—默认立面	0.26	1.90	0.21	0.26	3.00	0.44
室内参数和气象条件设置			按《公共建筑节能设计标准》附录 B 设置					

问题【1.2.2】

问题描述:

室内人员密度及新风量指标取值错误,造成负荷计算错误,设备选型及系统设计均不正确。

原因分析:

1) 仅根据规范取最小新风量,未考虑换气次数及档次等因素。

2) 房间功能调整,未对应修改人员密度及新风量取值指标。

应对措施

1) 新风量指标应不低于《民用建筑供暖通风与空气调节设计规范》GB 50736—2012 规定的最小限值。

2) 根据项目实际舒适度档次要求,结合建筑功能布局确定房间人员密度并合理设计新风量。

3) 设新风系统的居住建筑和医院建筑,宜做换气次数法计算新风量,并与规定的最小限值对比取大值。

4) 结合地域或运营方特殊要求综合考虑新风量取值。

示例见表 1.2.2。

示例:深圳某超高层办公楼室内设计参数表   表 1.2.2

房间名称	夏季		冬季		人员标准/ (m^2/人)	新风量/ [m^3/(h·人)]	噪声
	温度/℃	相对湿度/%	温度/℃	相对湿度/%			
商铺	26	55	—	—	5.0	20	NR45
餐饮	26	55	—	—	2.0	20	NR45
办公室	26	55	—	—	9.0	30	NR40
会议室	26	55	—	—	2.5	30	NR40
办公楼层走廊	26	55	—	—	20	20	NR40
办公大堂	26	55	—	—	5.0	20	NR40
电梯厅	26	55	—	—	3.0	20	NR40
物业管理用房	26	55	—	—	8.0	30	NR40
厨房(局部空调)	27	55	—	—	—	—	—
商业走道	26	55	—	—	4.0	20	NR45
公共卫生间	26	55	—	—	3.0		NR45
消防控制室	26	55	—	—	10	30	NR40

第 2 章　供暖

2.1　采暖设计

问题【2.1.1】

问题描述：

小区实测市政热水供水温度远低于设计值，造成小区用户房间内的温度普遍达不到设计要求。

原因分析：

造成小区用户设计温度较低的因素较多，需认真分析。原因之一是市政供热提供的热源不满足设计要求，这在设计初期需要同业主多方沟通，并将可能由此引发的后果提前告知业主，建议针对此问题采取相应的补救措施；原因之二是小区位置比较偏远，市政管网热损耗过大。

应对措施：

对于以上出现的问题建议采取相应的设计预防措施：

1) 设计前应确认热媒参数。

2) 如果热媒参数为非标准工况，应按照实际情况进行相关的管网设计，对末端设备、换热装置等设备选型进行相应的修正，以确保能保证末端用户的热需求。

3) 有必要时，增设相应的补热装置（如增设锅炉房辅助供热热源）。

问题【2.1.2】

问题描述：

设计采暖垂直双管采用上供下回的系统形式，运行中出现比较严重的垂直水力失调，造成底层房间设计温度过低、顶层房间过热的现象遭到用户的投诉。

原因分析：

设计时受建筑条件制约，采用上供下回式垂直双管系统，未充分考虑热水的竖向重力引起的自然作用压力，也未在散热器支管设置高阻力调节阀门，出现比较严重的垂直水力失调（图2.1.2-1）。

应对措施：

建议按如下几点综合考虑设置：

1) 水系统进行详细的水力计算，并考虑自然作用压力的影响。

2) 将散热器支管普通阀门更换为高阻力温控阀。

3) 将系统调整为下供下回系统，可以抵消自然作用压力，有利于系统平衡（图2.1.2-2）。

2

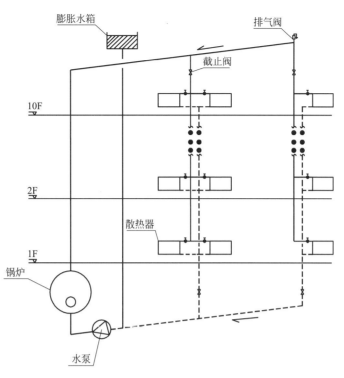

图 2.1.2-1　双管上供下回式系统

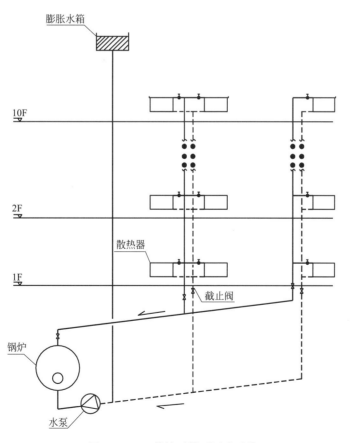

图 2.1.2-2　单管下供下回式系统

问题【2.1.3】

问题描述：

热源锅炉房、换热站未设置供热量自动控制装置，非常不节能，不能很好地利用热源，既浪费能源又不满足规范要求。

原因分析：

《供热计量技术规程》JGJ 173—2009 第 4.2.1 条：热源或热力站必须安装供热量自动控制装置。

应对措施：

设置气候补偿器，在换热器一次水侧设置电动调节阀。气候补偿器能够根据冬季室外气候变化自动调节供热出力，从而实现按需供热，根据室外参数动态调整出力。

问题【2.1.4】

问题描述：

严寒、寒冷地区的临街商业或集中商业，其出入口处室内温度偏低，客人进出时冷感非常强烈，采暖效果达不到设计要求（图 2.1.4-1）。

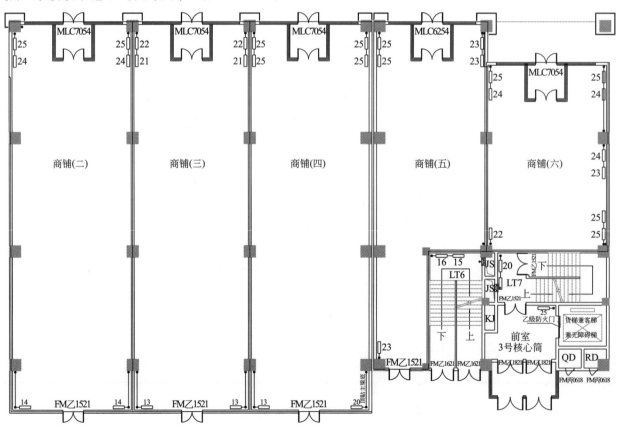

图 2.1.4-1 供暖平面图（一）

原因分析：

建筑设计人员未按规范要求设置门斗，暖通设计人员未设置热风幕，造成冷空气渗透严重，直接影响临近出入口处的室内温度，且容易形成冷风直吹，造成人员不舒适的感觉。

应对措施：

设计时由建筑专业考虑设置门斗，暖通专业考虑在外门处设置热空气风幕，有条件可局部采用低温辐射供暖。

对于已建项目，在冬季可由业主设置临时门斗以减少冷风渗透；条件许可情况下，可增加热风幕装置（图 2.1.4-2）。

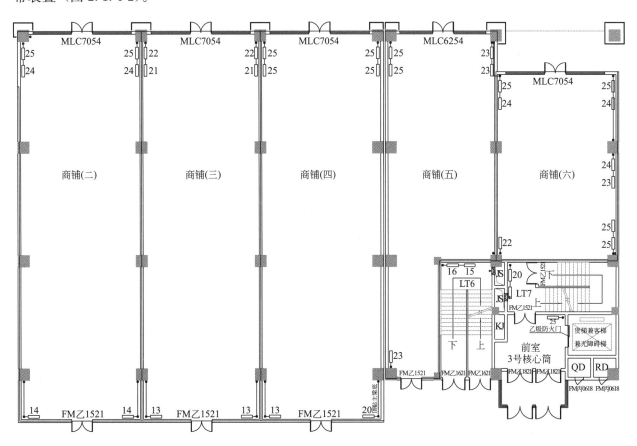

图 2.1.4-2 供暖平面图（二）

问题【2.1.5】

问题描述：

设置于燃气锅炉房内热水循环泵、补水泵未采取相关防爆措施，不满足锅炉房内设备安全防爆的相关要求，在后续验收及审查过程中不能顺利通过。

原因分析：

根据《锅炉房设计标准》GB 50041—2020 第 15.2.2 条："电动机、启动控制设备、灯具和导线型式的选择，应与锅炉房各个不同的建筑物和构筑物的环境分类相适应；燃油、燃气锅炉房的锅炉间、燃气调压间、燃油泵房、煤粉制备间、碎煤机和运煤走廊等有爆炸危险场所的等级划分，应符合现行国家标准《爆炸危险环境电力装置设计规范》GB 50058 的有关规定。"

　　《爆炸危险环境电力装置设计规范》第 5.1.1 条："爆炸性环境的电力装置设计应符合下列规定：1. 爆炸性环境的电力装置设计宜将设备和线路，特别是正常运行时能发生火花的设备布置在爆炸性环境以外。当需设在爆炸性环境内时，应布置在爆炸危险性较小的地点。"由此燃气锅炉房的燃料属于可燃易爆气体，锅炉房内设备应采用防爆措施。

应对措施：

　　将水泵设置区域从锅炉房独立出来，设置专用水泵房或是设置在锅炉房内的水泵采用防爆水泵（图 2.1.5）。

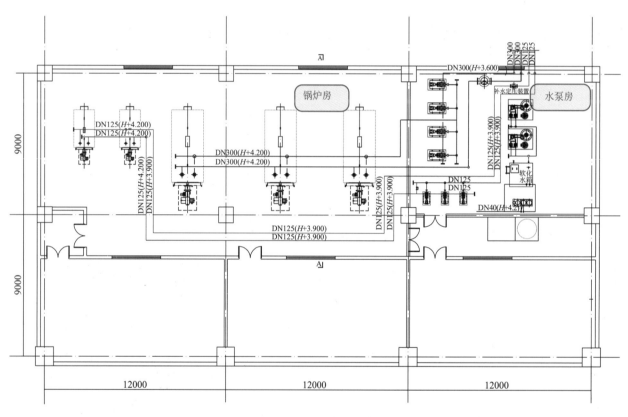

图 2.1.5　锅炉房平面图

题【2.1.6】

问题描述：

　　选用恒温阀未考虑采暖系统的形式，选用错误水阻的恒温阀，造成系统水力失衡。

原因分析：

　　选用恒温阀时未考虑其阻力要求，或设计选用错误的恒温阀，造成现场施工采购的恒温阀达不到系统要求，系统水力失衡。

应对措施：

根据供暖系统的不同形式，选用不同阻力的恒温阀：室内供暖系统为垂直或水平双管系统时，每组散热器应选用高阻恒温阀；单管跨越式系统应采用低阻力恒温阀；低温辐射采暖宜采用自力式恒温阀。

问题【2.1.7】

问题描述：

设置在门斗与未采暖楼梯间处的采暖管道冻裂，影响建筑正常采暖使用（图 2.1.7-1）。

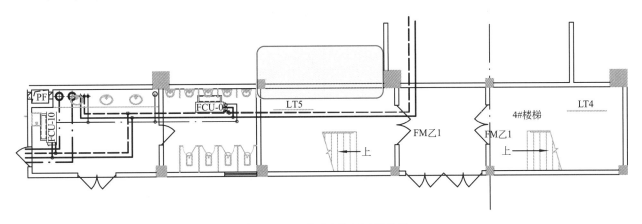

图 2.1.7-1　采暖水管经过楼梯间

原因分析：

采暖管道设置于有冻裂危险的门斗与未采暖楼梯间区域，夜间门斗与楼梯间内温度过低，造成管道冻结开裂。

应对措施：

将管道移至室内，避免管道穿越门斗与未采暖楼梯间的区域。当必须穿越时，应加强保温措施，可采用电伴热的加热形式，也可采用保温夹层或外设保温套管的形式（图 2.1.7-2）。

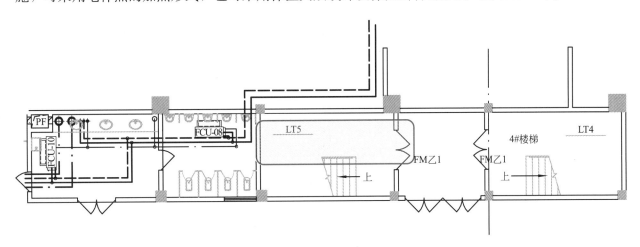

图 2.1.7-2　采暖水管不经过楼梯间

问题【2.1.8】

问题描述：

高层建筑中的供暖立管上安装的波纹补偿器位置不合理，固定支架的设置不一（图 2.1.8）。

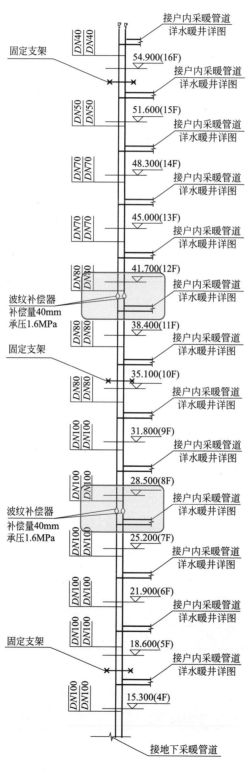

图 2.1.8　波纹补偿器设置图示

原因分析:

固定支架设置的位置在上部和下部最为常见,主要应尽量减少推力对固定支架的影响,避免对固定支架造成破坏。固定支架承受的荷载包括:

1)活动支架因热伸缩所引起的摩擦反力。

2)补偿器因热伸缩引起的弹性反力。

3)因内压力不平衡产生的推力 $FN=PA$,其中:

FN——内压不平衡力,N;

P——管道内介质工作压力,MPa;

A——轴向波纹补偿器的有效截面积,mm^2。

4)钢管的重力及水的重力。

因此,室内垂直管道上波纹补偿器布置在两个固定支架之间的上端还是下端,应根据受力情况,包括力的种类、大小和方向等计算确定。

应对措施:

1)计算供热管道的热膨胀量时,应按实际供暖系统水温进行计算。

2)应充分利用自由端解决热膨胀问题。例如,低温热水地板辐射供暖系统,水温 35~45℃,高度 12 层,在 2~3 层设固定支架,整个系统一般不必加补偿器。

《民用建筑供暖与空气调节设计规范》GB 50736—2012 第 5.9.5 条条文说明,以大篇幅介绍了如何设置固定支架及补偿器,并明确要求,当采用管径大于等于 DN50 的套筒补偿器或波纹补偿器时,应进行固定支架的推力计算,验算支架的强度。对于供暖系统分为高、低多个分区的高层住宅,在设置波纹补偿器的时候,当高、低区固定支架和补偿器集中设在一个标高时,应进行固定支架的推力计算,验算支架的强度。为减少应力集中,各分区固定支架不要都设在同一标高。

3)采用(下供下回)共用立管的住宅采暖系统,室内垂直主管道上每层分支管处的最大位移控制在 20mm 以内。另外,立管底部固定支架位置不宜过高,固定支架下部管道热伸长对地下室水平干管的支吊架产生的应力过大时会将其破坏,应合理选用支架形式,将该处热伸长产生的位移控制在较小范围内(如小于 10mm)。

问题【2.1.9】

问题描述:

设计中采暖管材保温、防腐材质选择不明确,造成管材使用不规范、寿命较短,需要经常更换。

原因分析:

目前散热器采暖用管材主要为热镀锌钢管、水煤气管、无缝钢管、PP-R 管(无规共聚聚丙烯管)、PB 管(聚丁烯管)、PP-B(嵌段共聚聚丙烯管)、铝塑复合管、铝塑稳态管,地板辐射采暖加热管主要有 PE-X 管(交联聚乙烯)、PE-RT 管(耐热聚乙烯管)、PB 管等。这些管材都有防腐性能,敷设在管井内和不采暖房间内应考虑保温。

应对措施:

选择管材时,必须根据工程使用情况和热媒温度依据《冷热水系统用热塑性塑料管材和管件》

GB/T 18991—2003 规定的使用条件等级确定；明装采暖热水管首选镀锌钢管或铝塑稳态管；地面垫层内首选铝塑稳态管，经济条件允许时选用 PB 管。保温材料可选用玻璃棉、岩棉或橡塑保温材料，保温厚度需根据热水温度、管径计算确定。

问题【2.1.10】

问题描述：

空调冷（热）水系统规模较大，且无快速补水系统只靠稳压补水箱或稳压补水泵补水，因单位时间补水量小，补水时间长，影响安装维修。

原因分析：

设计只考虑到有稳压补水装置补水，没有考虑到实际安装维修需求。

应对措施：

在制冷机房（站）集水箱或冷（热）水泵的回水主管上，设快速补水管接入给水排水专业的补水系统。对于多层建筑可以直接考虑接生活水管补水，对于高层建筑需要考虑生活水管补到系统的最高点时，能否满足需求，如不能，需考虑采取相应的措施（例如可以增大膨胀水管）。同时也要核实水质是否满足系统的要求，如不满足也应做好应对措施。平时关闭，安装初期及维修时，系统需大量补水可打开使用（图 2.1.10）。

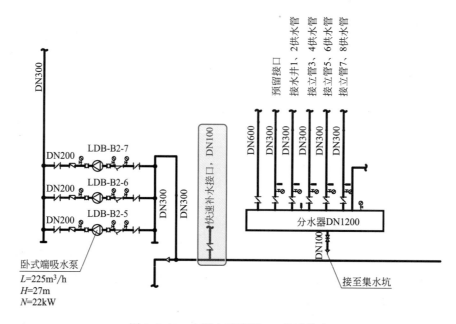

图 2.1.10　空调水系统图——快速补水

问题【2.1.11】

问题描述：

空调冷（热）水供回水水平干管末端漏设自动排气阀，造成管道气堵，影响供冷（热）效果。

原因分析：

空调冷（热）水供回水水平干管的敷设应有坡度，坡度应不小于 0.003，以便排气和排水。但是一般水平干管距离长，受空间限制一般是无坡度安装，不利于管道内空气排除，管道内水流流速小于 0.25m/s 就会出现气堵。

应对措施：

对于无坡度安装的空调冷（热）水供回水水平干管连接的立管高点应设自动排气阀，空调冷（热）水水平干管的最高点也应设自动排气阀。

问题【2.1.12】

问题描述：

某宾馆采用风冷热泵模块，制热运行时出现软接爆裂，影响了酒店冬季正常使用。

原因分析：

经检查发现，本系统未安装高位膨胀水箱，也未安装定压膨胀罐，以至于在制热系统运行时水膨胀压力将软连接部位胀破，后续安装了高位定压膨胀水箱后，系统正常运行；水在管路中运行会热胀冷缩，当管路完全封闭时，在冬天制热时膨胀的水会胀破水管，在夏天收缩的水管路带气量增多导致水泵气蚀。所以冷冻水闭式的管路需要设置定压补水装置，以实现夏天补水、冬天容水。

应对措施：

定压补水装置有三种：①闭式膨胀罐；②高位开式膨胀水箱；③泄压阀＋补水（表 2.1.12）。

各地区推荐使用定压补水的形式 　　　　　　　　　　　　　　　　　　表 2.1.12

地区	推荐采用定压补水方式
严寒地区	膨胀罐或高位开式水箱,严格保温
寒冷地区	膨胀罐或高位开式水箱,严格保温
冬冷夏热地区	膨胀罐或高位开式水箱,保温
冬暖夏热地区	膨胀罐或高位开式水箱,简单保温

高位膨胀水箱定压点宜设置在循环水泵的吸入口。循环水温度高于 60℃、低于或等于 95℃，定压点可取系统最高点，压力高于大气压 10kPa；循环水温度低于 60℃，定压点可取系统最高点的压力高于大气压 5kPa；膨胀管上不得设阀门（图 2.1.12）。

2

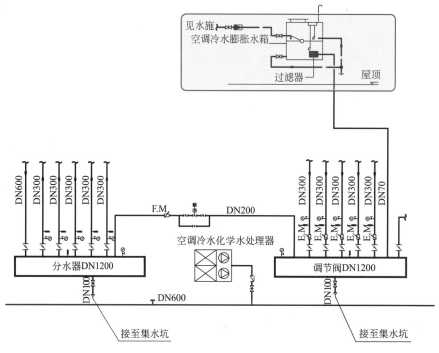

图 2.1.12　空调水系统图——膨胀水箱补水

问题【2.1.13】

问题描述：

某寒冷地区酒店共 12 层，每层设一台新风机组，运行时发现一台新风机组漏水，在开启新风机组时导致盘管冻裂，需要重新更换盘管。

原因分析：

寒冷地区水系统无防冻措施导致新风机组盘管冻裂。

应对措施：

寒冷地区为了防止新风机组盘管冻裂，应采用性能优良的新风保温阀，与新风机组联动。新风机组停机时，供回水阀门保持最小 5%～10% 开度，防止管道冻裂。在严寒地区，新风机组除了采取以上防冻措施外还需设置预热加热段，对新风进行相关预热。空调系统中所有的冷冻水管均需要做保温处理，严禁屏蔽机组的防冻保护，当机组冬季长时间不使用或者进行系统检修时，需放空整个系统中的存水防止冻裂水管（图 2.1.13）。

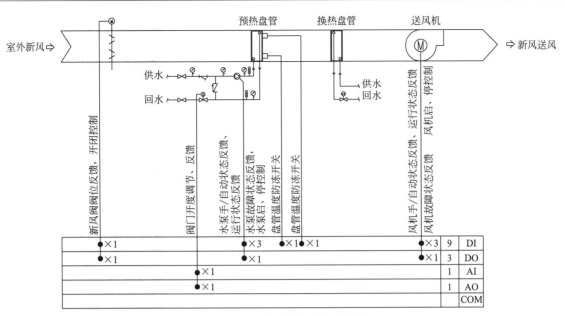

图 2.1.13 新风机组防冻示意图

2.2 水系统管道安装

问题【2.2.1】

问题描述：

水管穿变形缝未设置软连接。

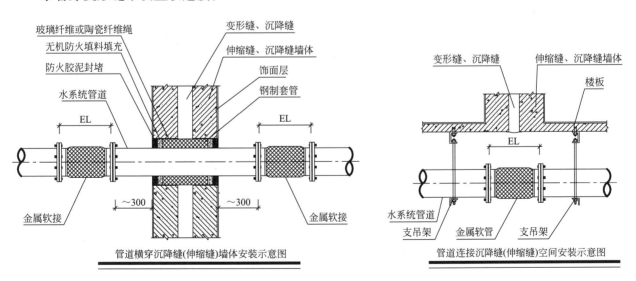

管道横穿沉降缝(伸缩缝)墙体安装示意图

管道连接沉降缝(伸缩缝)空间安装示意图

图 2.2.1 水管穿沉降缝

原因分析：

《通风与空调工程施工规范》GB 50738—2011 第 11.1.4 条：管道穿越结构变形缝处应设置金属柔性短管，金属柔性短管长度宜为 200～300mm，并应满足结构变形的要求，其保温性能应符合管道系统功能要求。

应对措施：

水管参考国家建筑标准设计图集《暖通空调水管软连接选用与安装》13K204（图 2.2.1）。

问题【2.2.2】

问题描述：

深圳某高档写字楼采用 VAV 空调系统，外区设置带电辅热的 VAV-Box 末端设备供冬季极端天气空调供热，不能满足节能审查要求。

原因分析：

深圳甲 A 写字楼室内温湿度要求较高，冬季极端天气外区不供热，舒适度不佳；但单独设立一套热水系统会有诸多问题：供热负荷较小，且增加一套热水供热系统工作极为复杂，室内管线较多，严重影响室内净高；供热系统使用频率较低，空置时间较长；初始投资也较高。

应对措施：

根据《公共建筑节能设计标准》GB 50189—2015 第 4.2.2 条相关规定，对于外区，采用电辅热 VAV 系统不满足节能要求，无法通过节能验收。但针对深圳区域的项目，目前可按照《公共建筑节能设计规范》SJG 44—2018 第 5.2.2 条第 5 款，"内、外区合一的变风量系统中需要对局部外区进行加热的建筑"执行，可认为满足审查及验收要求（图 2.2.2）。

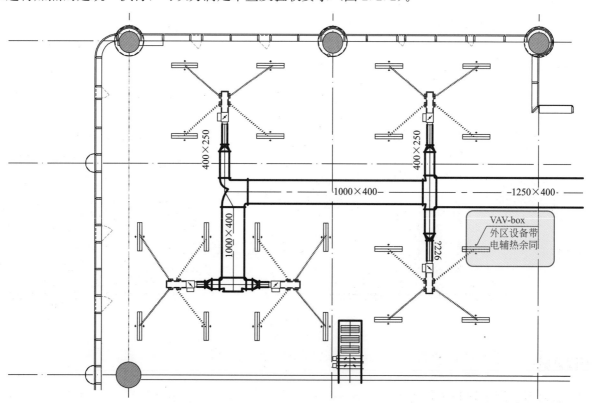

图 2.2.2 变风量系统平面图

问题【2.2.3】

问题描述：

热量表安装不规范，不能准确计量热负荷。

原因分析：

设计图纸对计量表的安装要求不明确，未预留足够的安装空间，导致计量表在实际使用中无法准确计量，对运行管理及使用带来很大的影响。

应对措施：

按标准图集的要求设计安装热量表，且预留足够的热量表安装、检修空间（图2.2.3）。

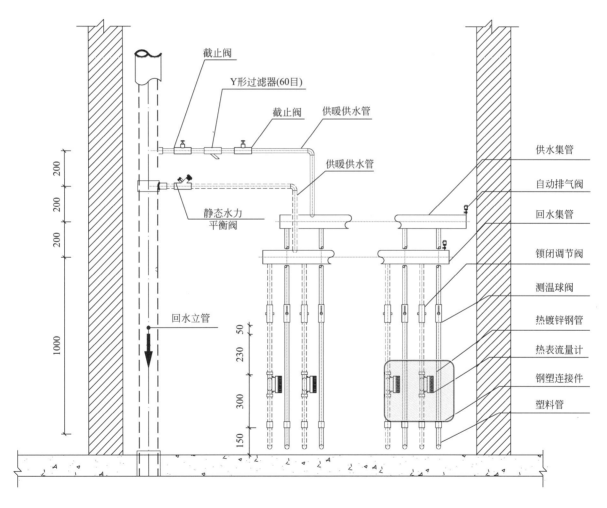

图 2.2.3　热量表安装大样图

热表流量计前预留 5D，热表流量计后预留 2D 直管段，单体工程设计中直管段长度应根据所选用的热表形式予以调整。

2.3　负荷计算

问题【2.3.1】

问题描述：

　　医院住院楼冬季不加湿，用鸿业软件计算空调热负荷选择了焓差计算，计算结果热负荷增大（图 2.3.1）。

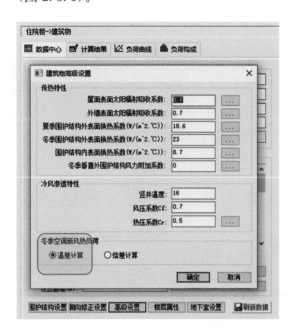

图 2.3.1　鸿业负荷计算

原因分析：

　　不了解负荷计算软件鸿业计算的高级选项，导致计算结果误差较大。

应对措施：

对于冬季不加湿或者采用蒸汽加湿的项目，应选择温差计算。

问题【2.3.2】

问题描述：

采暖设计热负荷计算采用稳定传热的方式计算，计算内容只计算了围护结构、人员、新风（仅采暖设计无此新风负荷）等热负荷。未考虑冷风渗透负荷，导致计算负荷偏小，不能满足室内设计温度。

原因分析：

对于寒冷、严寒、夏热冬冷地区门厅及地下室入口等区域，渗透空气从室外流入室内，风量很大，缺少冷风渗透负荷的计算。

应对措施：

1）通过门、窗缝隙渗入室内的冷风耗热量 Q_3（W），应按下列方法计算：

$$Q_3 = 0.278 c_p \cdot V \cdot \rho \cdot \Delta t \qquad \text{式（2.3.2-1）}$$

式中：c_p——干空气的定压质量比热容，1.0056KJ/（kg·℃）；

　　　ρ——室外供暖计算温度下的空气的密度，kg/m³；

　　　V——房间的冷风渗透体积流量，m³/h；

　　　Δt——室内外干球温度差，℃。

2）对不考虑房间内所设人工通风作用的建筑物的渗风量 V 的确定。

（1）缝隙法

忽略热压及室外风速沿房高的递增，只计入风压作用时 V 的计算方法：

$$V = \sum (l \times L \times n) \qquad \text{式（2.3.2-2）}$$

式中：l——房间某朝向上的可开启门、窗缝隙的长度，m；

　　　L——每米门窗缝隙的渗风量，m³/（m·h）（可参考《实用供热空调设计手册》：310，表5.1-7）；

　　　n——渗风量的修正系数（可参考《实用供热空调设计手册》：310，表5.1-8）。

缝隙法建议用于多层住宅或其他用途的多层民用建筑，当它的楼梯间不采暖，且各房间有门经常关闭，楼梯间内空气温度接近室外温度。

（2）考虑热压与风压联合作用，且室外风速随高度递增的计算方法（暖通与空调设计规范规定之方法）：

$$V = \sum (l \times L_0 \times m^b) \qquad \text{式（2.3.2-3）}$$

式中：L_0——理论渗风量，m³/（m·h）；

　　　l——房间某朝向上的可开启门、窗缝隙的长度，m；

　　　m——渗风压差的综合修正系数；

　　　b——外窗、门缝隙的渗风指数，据实测得值，一般钢窗可取为 0.67（0.56～0.78）。

注：具体数据可参考《实用供热空调设计手册》第 312 页。

第3章 通 风

3.1 系统设计

问题【3.1.1】

问题描述：

办公标准层打印室、复印室漏设排风系统（图3.1.1）。

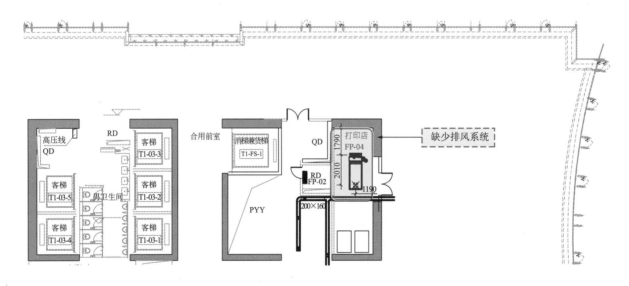

图3.1.1 打印室平面图

原因分析：

设计人员在办公标准层通常会对卫生间、开水间设置排风系统，对于办公区内的打印室、复印室区域，由于建筑专业往往未给出具体的位置，设计师会漏设排风系统及相应的竖向管井。

应对措施：

《绿色建筑评价标准》GB/T 50378—2019关于健康舒适章节中控制项5.1.2条要求，"应采取措施避免厨房、餐厅、打印复印室、卫生间、地下车库等区域的空气和污染物串通到其他空间；应防止厨房、卫生间的排气倒灌"。

办公楼除卫生间、清洁间、垃圾房、茶水间需要设置排风系统外，打印、复印室也应设置独立的排风系统，不应遗漏。平面图中没有明确打印复印室位置时，应考虑预留排风井道。打印室、复印室换气次数宜为4～6次/h。

问题【3.1.2】

问题描述：

设计师认为地上有门窗的燃气公共厨房具备自然通风的条件，因此没有考虑设置事故通风系统，导致厨房使用存在安全隐患（图 3.1.2-1）。

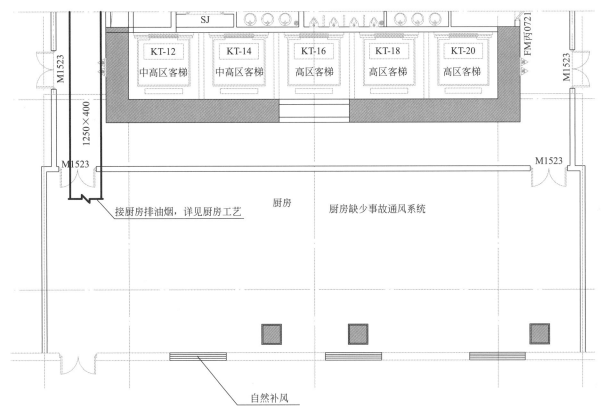

图 3.1.2-1　厨房平面图

原因分析：

1）公共厨房的门窗不可能总是处于开启而保证操作间空气流通，因此使用燃气的公共厨房，即使设置有对外开启的门窗，也应设置事故通风系统。

2）《民用建筑供暖通风与空气调节设计规范》GB 50736—2012 对于事故通风的要求放在第 6.3 条机械排风章节内，第 6.3.9 条第 1 款，"可能突然放散大量有害气体或有爆炸危险气体的场所应设置事故通风。事故通风量宜根据放散物的种类、安全及卫生浓度要求，按全面排风计算确定，且换气次数不应小于 12 次/h"。该条文明确事故通风的换气次数的计算要求。有门窗的厨房，自然通风无法保证不应小于 12 次/h 的事故通风的换气次数。

3）中国工程建设协会标准《建筑燃气安全应用技术导则》CECS 364：2014，第 7.2.2 条商用建筑给排气应符合下列规定："第 4 条，有燃气设施的房间应设置与可燃气体泄漏探测器联锁的防爆型事故排风机。"

应对措施：

地上有门窗的厨房（设置有燃气）一定要考虑设置事故通风及相应的检测报警、控制系统，事故通风的手动控制装置应在室内外便于操作的地点分别设置。厨房的事故排风系统，排风机应选用防爆风机，事故风机接入保障电源（图3.1.2-2）。

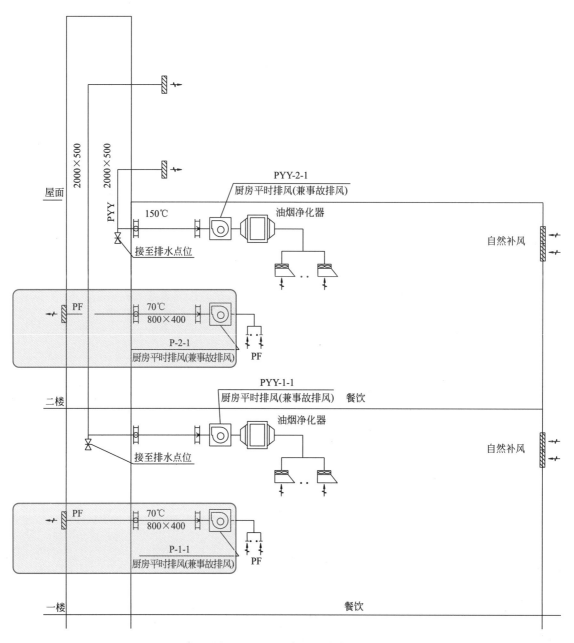

图 3.1.2-2　厨房通风系统图

问题【3.1.3】

问题描述：

地下停车库应设置与排风设备联动的一氧化碳浓度监测装置，该设计内容仅在设计说明节能章节中有文字表述，但未见暖通图纸和智能化专业有该设计内容。

原因分析：

对于车辆出入明显有高峰时段的地下车库，采用每日、每周时间程序控制风机启停的方法，节能效果明显。在有多台风机的情况下，也可以根据不同的时间启停不同的运行台数进行控制。

采用一氧化碳浓度自动控制风机的启停（或运行台数），有利于在保持车库内空气质量的前提下节约能源，但由于一氧化碳浓度探测设备比较贵，因此适用于高峰时段不确定的地下车库在汽车启动、停止过程中，通过对其主要排放污染物一氧化碳浓度的监测来控制通风设备的运行。国家相关标准规定一氧化碳 8h 时间加权平均允许浓度为 $20mg/m^3$，短时间接触允许 $30mg/m^3$。

《绿色建筑评价标准》GB/T 50378—2019 关于健康舒适章节中控制项第 5.1.9 条要求 "地下室应设置与排风设备联动的一氧化碳浓度监测装置"，因此目前地下室车库项目均应设置与排风设备联动的一氧化碳浓度监测装置。

应对措施：

平面图中增加监测设置点位绘制及标注。监测探头的布置应根据排风风机服务区域考虑，如果排风风机按照防烟分区设置，那么每个防烟分区至少设置一个监测探头。监测探头靠墙边或柱边设置，设置高度为 1.3m 左右，并与风机联动控制（图 3.1.3）。

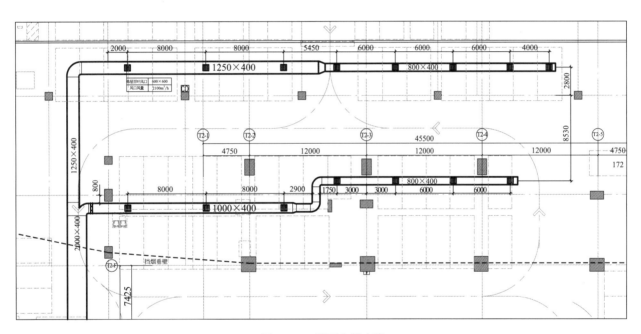

图 3.1.3　地下室停车库

问题【3.1.4】

问题描述：

变配电室设置有通风系统和空调降温系统，设计说明中要求，当空调系统开启时，通风系统需要关闭。空调系统完全承担变配电室负荷，空调系统设备的选型会过大，运行费用增加（表 3.1.4）。

通风房间换气次数表　　　　　　　　　　　　　　　　　　　　　　　　表 3.1.4

区域/房间	排风换气次数	送风换气次数	区域/房间	排风换气次数	送风换气次数
	次/h	次/h		次/h	次/h
公共开关房	按消除余热	90%排风量	电梯机房	10	自然补风

区域/房间	排风换气次数	送风换气次数	区域/房间	排风换气次数	送风换气次数
	次/h	次/h		次/h	次/h
低压配电房	按消除余热	90%排风量	报警阀间	15	自然补风
充电桩配电房	按消除余热	90%排风量	隔油机房	15	自然补风
高压配电房	按消除余热	90%排风量	公共卫生间	10	自然补风
发电机房	按消除余热	90%排风量	直饮水机房	8	自然补风
电信间	按消除余热	90%排风量	消防水泵房	8	自然补风
有线电视机房	10	自然补风			
网络控制室	10	自然补风			
储油间	12(12)	自然补风			

注：1. 括号内为事故通风量。

2. 电梯机房按设备发热量计算排风量（换气次数不少于 10 次/h），同时设置机械通风系统和分体空调系统，在夏季室外温度较高时，当排风温度大于 40℃时开启空调系统进行降温。

3. 变电房、公共开关房、高压室按设备发热量计算排风量（换气次数不小于 15 次/h），同时设置机械通风系统和分体空调系统或多联机系统，在夏季室外温度较高时，当排风温度大于 40℃时，关闭通风系统，开启空调系统进行降温。

原因分析：

1）《民用建筑供暖通风与空气调节设计规范》第 6.3.7 条第 4 款："变配电室宜设置独立的送、排风系统。设置在地下的变配电室送风气流宜从高低压配电区流向变压器区，从变压器区排至室外。排风温度不宜高于 40℃。当通风无法保障变配电室设备工作要求时，宜设置空调降温系统。"

变配电室排风量应按照变压器发热量进行热平衡计算，不应采用换气次数套用。变压器发热量按下列各式计算：

$$Q=(1-\eta_1)\times\eta_2\times\Phi\times W=0.0126\sim0.0152W \qquad 式（3.1.4-1）$$

式中：Q——变压器发热量，kW；

η_1——变压器的效率，一般取 $\eta_1=98\%$；

η_2——变压器的负荷率，一般取 $\eta_2=70\%\sim80\%$；

Φ——变压器的功率因数，一般取 $\Phi=0.9\sim0.95$；

W——变压器的功率，kVA。

变配电室排风量：

$$L=1000\times Q/[0.337\times(t_p-t_s)] \qquad 式（3.1.4-2）$$

式中：L——通风换气量，m³/h；

Q——变压器发热量，kW；

t_p——室内排风设计温度，℃；

t_s——送风温度，℃。

送风温度 t_s 不同，全面通风风量要求不同。

2）《全国民用建筑工程设计技术措施—暖通空调·动力》（2009 年版）第 4.4.2 条第 6 款，当机械通风无法满足变配电室温度、湿度要求，可采用降温装置，但最小新风量应大于或等于 3 次/h 换气或大于等于 5%的送风量。

应对措施：

通常我们利用通风系统进、排风的温差来消除变配电室的设备发热量。一定的风量时，当进风系统送入室内的室外风温度逐渐升高时，变配电室的排风温度也会逐渐升高。当排风温度大于 40℃ 时，这时需要开启空调降温系统。

1）变配电室设置有通风系统和空调降温系统，当空调系统开启时，通风系统关闭：空调降温系统负担变配电室的设备全部发热量，此时尚应满足《全国民用建筑工程设计技术措施—暖通空调·动力》（2009 年版）第 4.4.2 条第 6 款要求。

2）变配电室设置有通风系统和空调降温系统，当空调系统开启时，通风系统继续开启：通风系统和空调降温系统共同承担变配电室负荷，此时变配电室通风系统会排除大部分变压器发热量。空调降温系统承担配电室部分负荷。

变配电室通风系统、空调降温系统在设计时应考虑系统的气流组织，空调降温系统的出风口设置应与送风系统的进风口一致，使送风气流宜从高低压配电区流向变压器区，从变压器区排至室外，送风口远离排风口（图 3.1.4）。

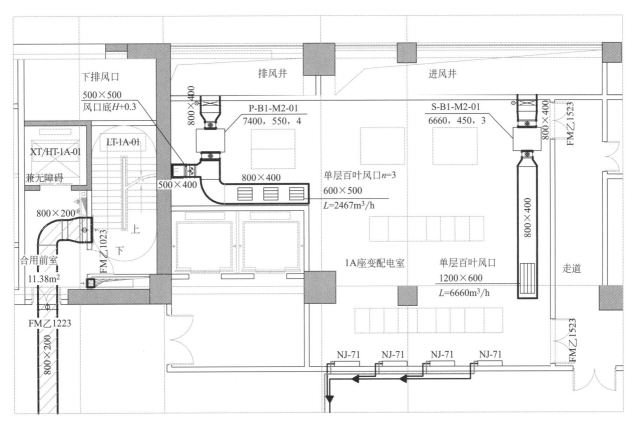

图 3.1.4　变配电室空调通风系统图

问题【3.1.5】

问题描述：

地下室氟制冷机房事故通风和平时通风系统合用，选用 1 台排风机及 1 台补风机，平时机房换气次数达到 12 次/h（图 3.1.5-1）。

原因分析：

设计师忽略了通风系统平时运行时的耗能及运行费用的增加，仅考虑初次提资的费用。

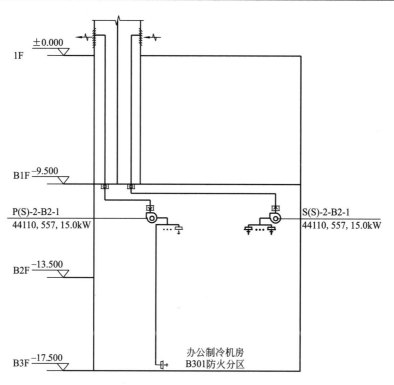

图 3.1.5-1　制冷机房送排风系统图（一）

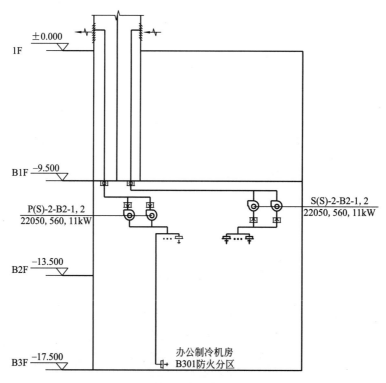

图 3.1.5-2　制冷机房送排风系统图（二）

应对措施：

1）制冷机房通风量取 6 次/h，事故通风量不应小于 12 次/h，选用 2 台排风机和 2 台送风机。平时通风运行时，开启 1 台排风机和 1 台送风机，此时制冷机房通风量较小，通风系统运行节能。事故通风时则开启 2 台排风机和 2 台送风机。

2）对应事故通风量和平时排风量，采用双速风机或者变频风机（图 3.1.5-2）。

室内排风口上下分别设置，平时通风运行时上下风口排风，事故通风运行时，关闭上支路排风口，排风仅由下部排风口排出。

制冷机房排风系统兼顾事故排风，因此室外排风口应按照事故通风的要求考虑，室外排风口不应布置在人员经常停留或经常通行的地点以及临近窗户、天窗、室门等设施的位置，且与机械送风系统的进风口的水平距离不应小于 20m；当水平距离不足 20m 时，排风口应高于进风口，并不宜小于 6m。

制冷机房应设置氟利昂（或氧气）探测器，事故风机接入保障电源。事故通风的手动控制装置应在室内外便于操作的地点分别设置。

问题【3.1.6】

问题描述：

地下室厨房油水处理间排风未经过处理，直接排向车库。油水处理间属于异味房间，排风未经过处理排向车库会降低车库空气品质，影响车库环境，导致体验感变差（图 3.1.6-1）。

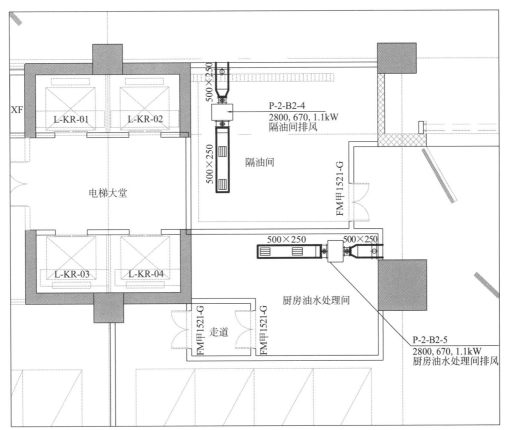

图 3.1.6-1　厨房油水处理间

原因分析：

厨房油水处理间须设置独立排风系统。

应对措施：

提资建筑专业设置排风竖井。根据排放条件，排风系统应设除味装置，通过独立风管井排至室外对人员无影响区域。

设计风量可参考《饮食业环境保护设计规程》DGJ 08—110—2004 第 5.2.7 条："隔油池置于室内时，应设置密封活动盖板，室内通风换气次数不应小于 6 次/h 计算，通常可取 10～12 次/h。"

厨房油水处理间排风时通常可考虑由车库自然补风，因油水处理间设置甲级防火门，平时排风时房间门处于关闭状态，在厨房油水处理间墙上设置防火百叶风口用于排风补风（图 3.1.6-2）。

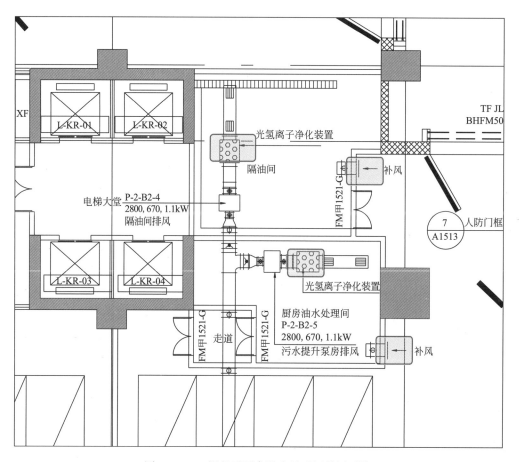

图 3.1.6-2 调整后厨房油水处理间排风系统

问题【3.1.7】

问题描述：

发电机房、配电间排风从内走道补风（图 3.1.7）。

原因分析：

因走廊层高不够及管线交叉问题，项目设计将排风补风由机房将室外风送到内走道或由车库补入内走道，再由内走道通过设备间防火分隔墙上防火百叶风口进入柴发机房、配电间等设备房。

排风补风由机房将室外风送到内走道：

1）室外风送到内走道，造成走廊风速大、噪声大，冬季走廊的温度非常低，人体舒适感差。即使是深圳这样的夏热冬暖地区，冬季通风室外计算温度为 14.9℃，极端最低温度为 1.7℃，冬季也会造成走廊的温度过低。

2）内走道区域发生火灾有烟气时，变配电房通风系统运行，走廊烟气会通过变配电房与走道

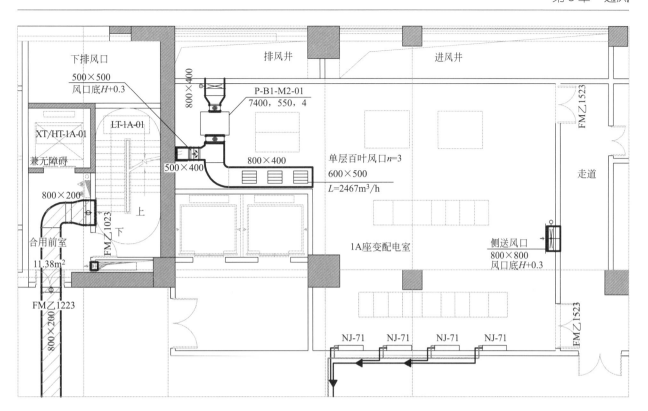

图 3.1.7　高、低压电房平面图

隔墙通风口进入变配电房。

排风补风由车库补入内走道：

1）车库的卫生条件较差，一氧化碳浓度较高，车库的温度也较高，车库风作为变配电通风系统的补风不合适。

2）车库发生火灾有烟气时，变配电房通风系统运行，车库烟气会进入走道、变配电房。

应对措施：

应将室外风送风通过各支风管送至各个房间，且与建筑专业及其他专业共同商议走廊管道交叉与层高问题，部分位置应绘制剖面图，进行相关的管道综合设计。

问题【3.1.8】

问题描述：

某商业项目地下车库防烟分区面积为 1900m^2，车库净高 3.75m，选用排风兼排烟风机风量为 31500m^3/h。设计师以排烟风量进行风机选型，没有复核是否满足车库排风换气次数要求。

原因分析：

排烟量计算按照《汽车库、修车库、停车场设计防火规范》GB 50067—2014 表 8.2.5 取值。

表 8.2.5

汽车库、修车库的净高/m	汽车库、修车库的排烟量/(m^3/h)
4.0	31500

注：建筑空间净高位于表中两个高度之间的，按线性插值法取值。

排风量取值按照：

1）《全国民用建筑工程设计技术措施—暖通空调·动力》（2009 年版）第 4.3.2 条：汽车出入较频繁的商业类等建筑，按 6 次/h 换气选取，层高大于等于 3m 时，可按 3m 高度计算换气次数。计算：$L=1900×3×6=34200m^3/h$。

2）《车库建筑设计规范》JGJ 100—2015 第 7.3.4 条：汽车出入较频繁的商业类等建筑，按 6 次/h 换气选取。7.3.4 条文说明：层高大于等于 3m 时，可按 3m 高度计算换气次数。

应对措施：

防烟分区面积接近 2000m² 的商业类建筑车库，其排风量有可能大于排烟量。当排风排烟合用时，应复核排烟量和排风量，风机选型应同时满足通风和排烟的风量要求（图 3.1.8）。

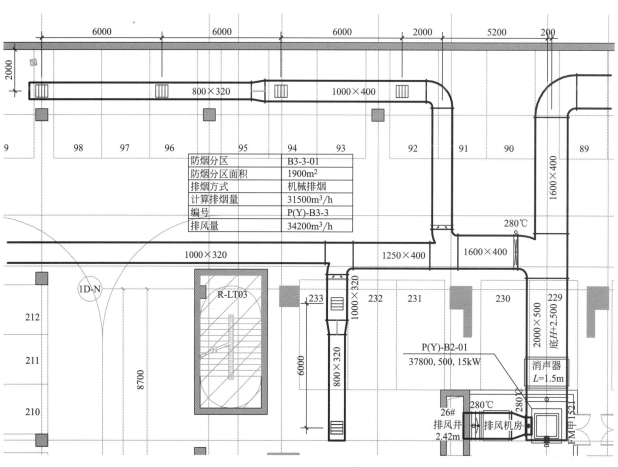

图 3.1.8 车库通风平面图

问题【3.1.9】

问题描述：

厨房的补风同机械排风不匹配，油烟净化器设在排油烟机的出口端，净化处理后的油烟没有高空排放（图 3.1.9）。

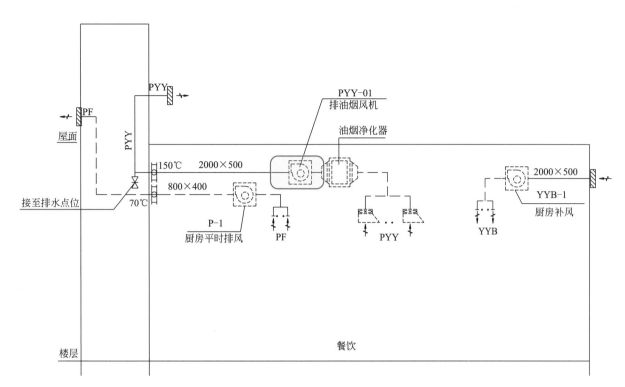

图 3.1.9　餐饮排油烟系统图

原因分析：

厨房的油烟净化装置放在排油烟机的末端即风机的正压出风端，风机会很快被油渍包裹从而效率大打折扣，如果风管连接不严密，也易造成未净化处理的油烟气泄漏。

应对措施：

厨房的通风系统设计应注意以下问题：

《饮食建筑设计标准》JGJ 64—2017 的相关规定，其中第 5.2.4 厨房区域应设通风系统，其设计应符合下列规定：

1）除厨房专间外的厨房区域加工制作区（间）的空气压力应维持负压，房间负压值宜为 5～10Pa，以防止油烟等污染餐厅及公共区域。

2）热加工区（间）宜采用机械排风，当措施可靠时，也可采用出屋面的排风竖井或设有挡风板的天窗等有效自然通风措施。

3）产生油烟的设备，应设机械排风系统，且应设油烟净化装置，排放的气体应满足国家有关排放标准的要求，排油烟系统不应采用土建风道。

4）产生大量蒸汽的设备，应设机械排风系统，且应有防止结露或凝结水排放的措施。

5）设有风冷式冷藏设备的房间应设通风系统，通风量应满足设备排热的要求。

油烟排放标准需遵照《民用建筑供暖通风与空气调节设计规范》GB 50736—2012 第 6.3.5 条以及国家环保总局制定的《饮食业油烟排放标准》GWPB 5—2000 相关条款、《绿色建筑评价标准》SJG 44—2018 第 6.1.4 条第 1 款，饮食业单位油烟最高允许排放浓度为 2.0mg/m^3。

部分地方标准，如北京市地方标准《饮食业大气污染物排放标准》DB 11/1488—2018、深圳市地方标准《饮食业油烟排放控制规范》SZDB/Z 254—2017，油烟最高允许排放浓度为 1.0mg/m^3，高于国家标准，在进行这些地区的项目设计时应注意查阅当地地方标准要求。

厨房排风应经油烟净化处理，达到排放标准（2.0mg/m³）后在室外或高空排放，油烟宜设除味设施。

其他要求：

1）排风管外表面应设不燃材料绝热层，绝热层厚度不小于 50mm，并保证绝热层外表面温度小于等于 60℃。若排油烟竖井与塔楼住宅居室相邻时，应加强隔热措施，防止户内墙体壁面温度过高而影响室内舒适度。

2）排油烟风机一般应放置在屋面，油烟净化装置应安装在风机前端的管路上；而为便于清洁，排油烟风管应采用金属风管（钢板或不锈钢板），不应采用混凝土风道。

3）当厨房使用燃气时，应设置事故通风，可设置全面换气兼事故排风，风量按总风量的 35％计算，并和事故排风 12 次/h 相比较而取较大值。事故排风风机应选用防爆型。

3.2 平面设计

问题【3.2.1】

问题描述：

内区无外窗的公共卫生间因没有补风口，导致排风不畅，卫生间换气次数达不到设计要求（图 3.2.1-1）。

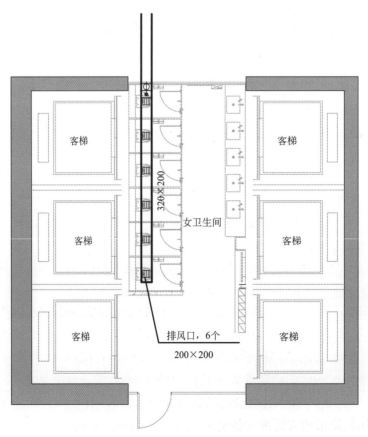

图 3.2.1-1 卫生间平面图

原因分析：

自然补风通道不畅。

应对措施：

在不影响美观的情况下可以在合适的位置设置百叶风口，以便进风。例如，公共卫生间门采用带百叶的门，或者在卫生间和走道的吊顶上穿墙加设连通管道，卫生间排风系统运行时，可以通过旁通管道由走廊向卫生间补风（图 3.2.1-2）。

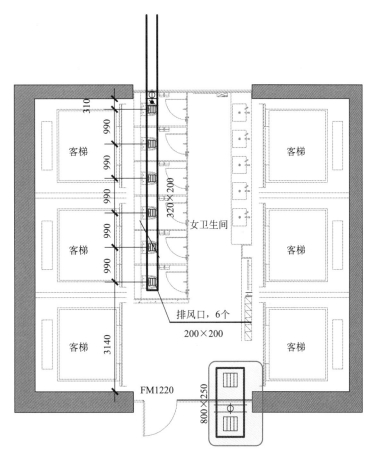

图 3.2.1-2　卫生间补风旁通管道做法

选择在隔墙上加设连通管道时，管道的尺寸以连通管风速为 0.5～1.0m/s 考虑。

问题【3.2.2】

问题描述：

垃圾房排风、厨房排油烟等系统的除味装置放置于屋面时，因为没留够位置给除味装置充分反应，除味装置有效长度不足，反应时间不够，导致未能有效除味。

原因分析：

垃圾房排放口与塔楼投影、屋顶商业和屋顶花园等经常有人停留区域的最小间距应大于 20～30m，且应设置于主导风向的下风向一侧。如因场地原因未有效设置 UV 灯净化除味装置，进行深度除味。UV净化除味装置的设置位置应满足处理后在管道中停留不小于2s反应时间的要求（图3.2.2）。

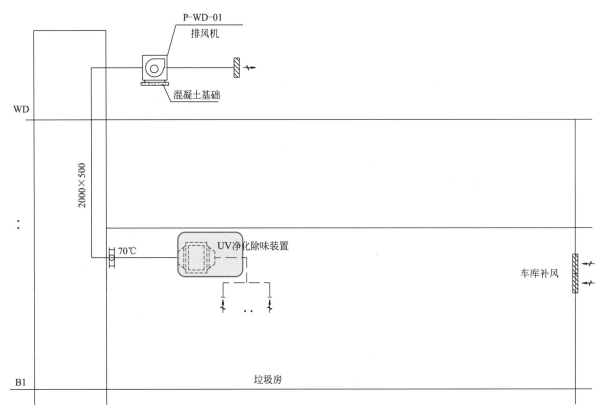

图3.2.2　垃圾房排风系统

应对措施：

根据除味装置的工作原理和类型，提前预留除味装置本身所需占用的空间。

问题【3.2.3】

问题描述：

裙楼屋顶、塔楼屋顶风机的位置设置不当，风机运行时产生振动，下层对噪声标准有严格要求的功能房间受到影响。

原因分析：

底商餐饮排油烟系统设计，排油烟风机运行产生振动、噪声等，对下层住户产生影响。

应对措施：

1）风机设备管道增设隔振、减振措施。

2）将风机设置位置改至核心筒屋面、电梯厅屋面等非主要功能房间或公共区域的上方（图3.2.3）。

《全国民用建筑工程设计技术措施—暖通空调·动力》（2009年版），第4.5.10条第4款："通风机房不宜直接设置在卧室、客房、病房、教室、录音室等，对周围声音有一定要求房间的上、下层和隔壁。"

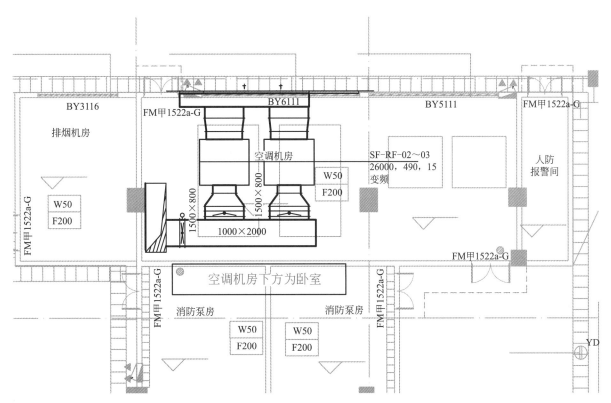

图 3.2.3　屋顶风机设置

问题【3.2.4】

问题描述：

配电间通风管安装在配电柜的正上方。配电房内暖湿空气遇室外潮湿冷空气，容易在风管外壁及风口处产生冷凝水，滴落在配电柜或变压器上，影响电气设备的正常使用。另外，如果建筑屋面、外墙的防雨百叶安装不符合设计要求，雨水会顺着风管淌下来；如果配电柜是上出线的话，会出现管道交叉的情况，还会影响机柜检修。

原因分析：

设计时考虑不周全，仅注意本专业风管走向，没有重视电气设备的安装位置以及风管走向对其的影响。风管走向应满足《民用建筑设计统一标准》GB 50352—2019 第 8.3.6 条，线路敷设应符合下列规定：

1）无关的管道和线路不得穿越和进入变电所、控制室、楼层配电室、智能化系统机房、电气竖井，与其有关的管道和线路进入时应做好防护措施。

2）有关的管道在变电所、控制室、楼层配电室、智能化系统机房、电气竖井布置时，不应设置在电气设备的正上方。风口设置应避免气流短路。

应对措施：

设计时应避免设置管道安装在配电柜、变压器的正上方（图 3.2.4）。

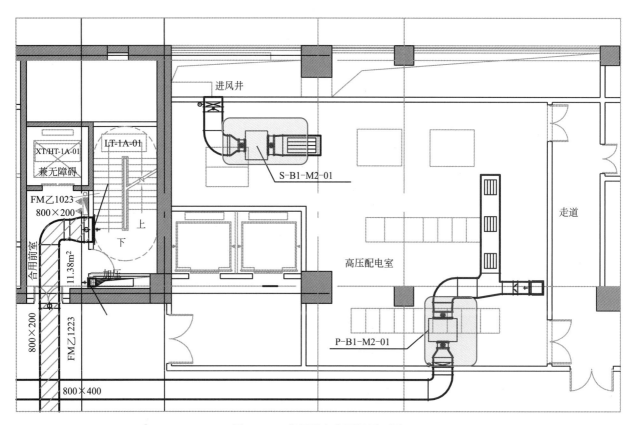

图 3.2.4 高压配电房通风平面图

3.3 风管设计

问题【3.3.1】

问题描述：

风管穿变形缝未设置软连接（图 3.3.1-1）。

原因分析：

《通风与空调工程施工规范》GB 50738—2011 第 8.4.3 条：风管穿越建筑物变形缝空间时，应设置长度为 200～300mm 的柔性短管；风管穿越建筑物变形缝墙体时，应设置钢制套管，风管与套管之间应采用柔性防水材料填塞密实。穿越建筑物变形缝墙体的风管两端外侧应设置长度为 150～300mm 的柔性短管，柔性短管距变形缝墙体的距离宜为 150～200mm，柔性短管的保温性能应符合风管系统功能要求。

应对措施：

风管穿越变形缝措施（图 3.3.1-2）。

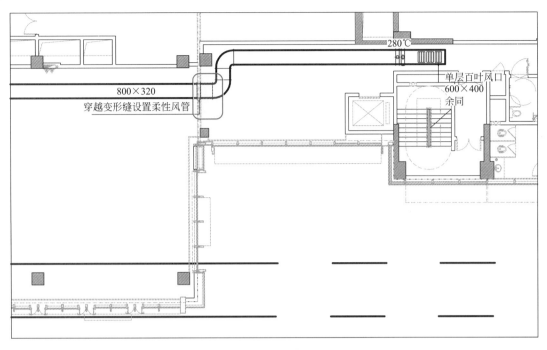

图 3.3.1-1　风管穿越变形缝

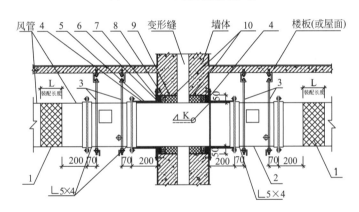

1—风管软接
2—防火阀
3—防火阀吊杆
4—穿墙通风管道(δ≥2mm厚钢板)
5—防火包裹(厚12mm火克板包覆)

6—挡圈 -120×4
7—防火胶泥封堵
8—无机防火填料填充
9—玻璃纤维或陶瓷纤维绳
10—钢制套管(厚2mm钢板)

(a) 风管横穿变形缝墙体软连接安装示意图

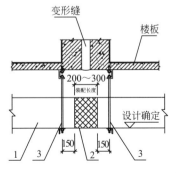

1—通风管道　2—风管软连接　3—吊架

(b) 风管空间穿过变形缝软连接安装示意图

图 3.3.1-2　风管穿越变形缝安装示意图

问题【3.3.2】

问题描述：

风机房风机接风管至竖向风道，没有尺寸标注，也影响施工单位该管段防火阀、止回阀的材料准备（图3.3.2）。

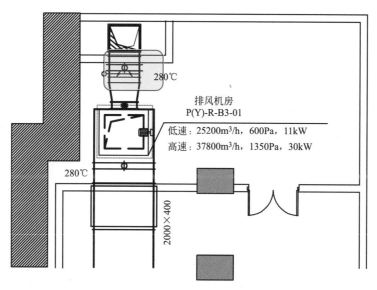

图 3.3.2　排风机房平面图

排风机房
P(Y)-R-B3-01
低速：25200m³/h，600Pa，11kW
高速：37800m³/h，1350Pa，30kW

280℃

280℃

2000×400

原因分析：

竖向风道在风机房设置，风机出口接至竖向风道时会有一较短水平管道。图纸上显示连接风机进出风段风管的尺寸不同，风机接风管至竖向风道的水平距离较短，设计师在标注风管尺寸时，时常遗漏。

应对措施：

预留合理安装检修空间，进行定位标注、风管尺寸标注。

第4章 空气调节

4.1 系统设计

问题【4.1.1】

问题描述：

设置分体空调机、多联机空调系统的场所，没有考虑设置新风系统（图4.1.1）。

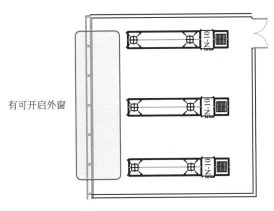

有可开启外窗

图4.1.1 空调平面图

原因分析：

部分设计师认为，多联机空调系统不属于集中空调系统，可以不考虑设置新风系统，这种观点是错误的。

1）空调方式的分类中，按照空气处理设备的位置分类，可以分为①集中系统；②半集中系统；③分散系统。按照负担室内负荷所用的介质种类分类，可以分为①全空气系统；②全水系统；③空气—水系统；④制冷剂系统。

2）多联机系统属于半集中系统、制冷剂系统。室内设置多联机，其实与风机盘管机的设置比较类似，空调末端仅消除余热余湿，不能解决室内的通风换气问题，在人员经常停留的场所一般不能单独使用，通常需增加新风系统，形成类似风机盘管机加新风这种常用的空气—水系统。

3）设置新风系统的原因是为了满足人们的卫生要求，《民用建筑供暖通风与空气调节设计规范》GB 50736—2012 中对新风量的要求与空调系统的形式没有关联。无论是哪一种空调形式，包括多联机、分体空调机，均应遵守《民用建筑供暖通风与空气调节设计规范》GB 50736—2012、《公共场所卫生指标及限值要求》GB 37488—2019 关于最小新风量的要求，一些场所的最小新风量必须满足，比如：办公室新风量不应小于 $30m^3$/（h·人），对于睡眠、休憩需求的公共场所，室内新风量不应小于 $30m^3$/（h·人），其他公共场所室内新风量不应小于 $20m^3$/（h·人）。这些新风量要求，均为强制性条款，必须遵守。

应对措施：

设置多联机空调系统场所，应满足室内空气品质要求，合理设置新风系统。部分场所涉及强制性条款，必须设置新风系统，以满足最小新风量的要求。

问题【4.1.2】

问题描述：

空调通风系统缺少风量平衡设计，一些设计项目，设计只注重空调系统新风量及空调送风的设计，忽略了整体风量平衡的设计原则，在设计图纸中缺少排风系统的整体设计（图4.1.2）。

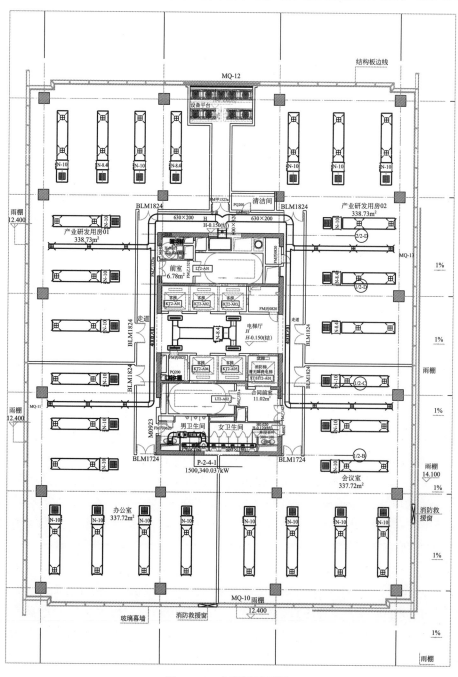

图 4.1.2　空调风平面图

原因分析:

欠缺送排风平衡措施设计，会不可避免地导致室内气流组织设计不完整，从而使室内空气环境不可控；此外，物业管理者也缺少合理运行系统的基础依据；室内环境不确定性及系统科学运行管理的缺位，将使得暖通系统节能运行策略制定变得模糊。

应对措施:

对于空调系统的平衡要求，在国家规范《民用建筑供暖通风与空气调节设计规范》GB 50736—2012 第 7.3.22 条、《公共建筑节能设计标准》GB 50189—2015 第 4.3.11 条、《办公建筑设计标准》JGJ/T 67—2019 第 7.2.5 条中都提到，系统要设计空调系统的排风措施。虽然不是作为强制性条文来实施，但是设计人员应意识到，由于现在建筑围护结构的严密性与以往比，提高了很多，因此单纯利用围护结构自然泄露平衡送风的方式需谨慎考虑。此外，由于当前公共建筑内部功能布置朝向多样化、复杂化、一体化发展，除了建筑布局的实体分隔外，客观上也需要暖通专业在系统设置以及气流组织上进行合理设计，提高气流的利用率，隔离及防治异味再循环，体现处理过的空气被充分梯级利用（若适用），降低空调系统运行能耗。

在设计过程中，在说明及图纸中清晰表达系统运行策略建议及平衡措施。

问题【4.1.3】

问题描述:

某些项目的个别区域有低温低湿要求，与大部分常规温湿度要求不一致，但在暖通设计过程中采用单一常规冷冻水（7/12℃）系统进行冷却及除湿设计。

采用常规冷冻水（7/12℃）作为低温低湿功能区域冷源，区域特殊要求也由同一冷源系统来提供，制约冷源系统高效变工况运行，降低空调系统整体运行能效。

原因分析:

在设计中，由于特殊功能房间的低温低湿（如 20℃/50%，其对应露点温度为 10.7℃）要求，客观上要求对此房间空调系统特殊（也包括冷源）处理。常规冷冻水（7/12℃）经过空调机组或风机管后，其出风温度（出风露点一般在 14~16 ℃），可以满足一般的舒适性空调（如 25℃/55%，其对应露点温度为 15.5℃）中的降温除湿要求，降温是其主要功能。为简化及直观反映其差异以及同时反映水汽关系，此处采用对数平均温差定性说明，理论计算出其液气侧对数平均温差 ΔT（常规）为 11.2℃，此温差驱动力的常规空调机组完全可以在市场上找到相关产品。

对于低温低湿功能房间，室内空气除湿是需要解决的主要问题。采用常规冷冻水（7/12℃）经过空调机组冷却盘管后，要达到室内要求露点（尚不考虑新风除湿），理论上计算其液气侧对数平均温差 ΔT（低温低湿）为 5.58 ℃，由此可见在此种状态要求下，空调机组热湿交换驱动力比常规机组降低了一半；要达到设计所需的处理状态，客观上要求厂家需要从热交换面积、热交换系数进行非标设计及验证，这无疑加大了项目实施过程中系统达标的不确定风险。

应对措施:

1）对于此类功能房间，考虑到其特殊性，可设置温湿度分别独立控制的系统，对于新风考虑进行深度冷冻除湿、溶液除湿，对于室内温度控制则可考虑空调机组冷冻水降温。

2）这种特殊区域一般面积不大，且类似于工艺用房，空调系统可独立于舒适性空调系统之外来设置，例如采用独立的恒温恒湿空调机。

问题【4.1.4】

问题描述：

变风量空调系统的 VAV-Box 设置偏多。如图 4.1.4 所示，办公室进深为 11.5m、开间 26.5m，设置了 8 个外区 VAV-Box、4 个内区 VAV-Box。

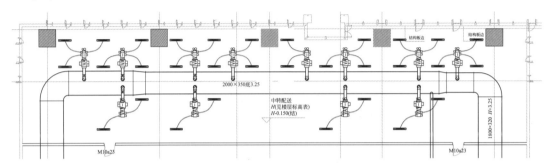

图 4.1.4 变风量空调系统平面图

原因分析：

设计变风量空调系统，没有划分温度控制区，空调外区进深为 3～5m 时温度控制区的划分宜为：内区 50～100m²，外区 25～50m²。以极限情况来看，按空调外区进深为 5m，外区温度控制区为 25m² 计算，只需要设置 6 个外区 VAV-Box，图上有 8 个外区 VAV-Box，明显偏多。该项目外窗边设置了热水散热器，并不需要由外区 VAV-Box 全部承担冬季热负荷。

应对措施：

变风量空调系统应划分温度控制区，每个温度控制器配置一台 VAV-Box，在满足空调舒适度的前提下尽量减少 VAV-Box 的设备初投资。

问题【4.1.5】

问题描述：

变风量空调系统噪声过大（图 4.1.5）。

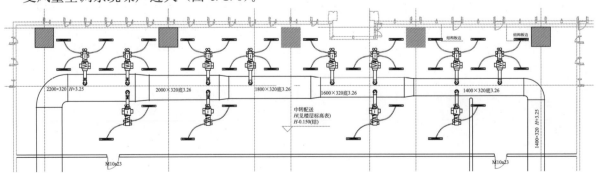

图 4.1.5 变风量空调平面图

原因分析：

设计人员对变风量系统设计缺乏经验，按常规全空气定风量空调系统设计，后期系统运行时部分末端管道阻力大，空气处理机组（AHU）长期处于高频率运行状态，造成系统噪声大，运行能耗高等问题。

造成变风量空调系统噪声过大有以下几种原因：

1）风机、电机运行产生噪声。

2）风管外壳辐射噪声。

3）末端外壳辐射噪声。

4）回风口风速过大产生噪声。

5）机房设备噪声。

应对措施：

1）变风量风机的最高效率点选择在 70%～80% 之间，在系统最小风量时，应避免风机工作点进入不稳定区。空气处理机组落地安装时设混凝土基础，风机、电机外壳设置隔振器。送回风主管设置消声静压箱或管道式消声器，消声器长度不宜小于 1.2m，消声静压箱高度不宜小于 0.8m；设计时应分析系统在设计工况下的静压分配，确定静压最低点位置与静压设定值，避免系统静压值设置过高，风机长时间高频率运行产生噪声。

2）对于噪声要求较高的场所，可适当降低主管风速，VAV 送风主管风速一般不大于 8m/s，VAV-Box 入口风速 10m/s 左右，VAV-Box 出口采用消声波纹软管，风速控制在 4m/s 以下。减少送风主管变径，从 AHU 出口至风管末端，主管变径不宜超过 3 次。如有条件，尽量将风管设置成环形，风管布置为环形方式可使气流从两条回路流向末端，可以降低并均化风道内的静压，减小出口噪声。可适当增加风管刚度（增加风管厚度或折板补强等方法），直接改变风管的共振频率。

3）根据厂家样本提供的末端出口噪声与箱体辐射噪声选型，使装置噪声不超过室内噪声标准。

4）回风设置在靠近人员经常停留的地点时，风速不宜超过 1.5m/s，如使用回风短管回风，回风短管内风速不应超过 1.5m/s。

5）空调机房与空调房间需有一定间隔距离，例如相隔一条走廊，或储藏室等缓冲区。空调机房围护结构尽量采取混凝土及砖砌结构，避免使用如轻钢龙骨的轻型构造，尽量不采用机房侧墙回风方式。空调机房内墙和顶板贴吸声材料进行消声处理，机房门采用密闭门，管线穿越机房处采用适当的材料进行密封。

问题【4.1.6】

问题描述：

新风进风口处未设能严密关闭的阀门；系统停止运行时，夏季热湿空气侵入，造成金属表面和室内墙面结露；冬季冷空气侵入，将使室温降低，甚至使加热盘管冻坏。

原因分析：

不重视关闭阀门的作用，经常漏设。

应对措施：

新风进风口处应装设能严密关闭的新风保温阀（图 4.1.6-1、图 4.1.6-2）。

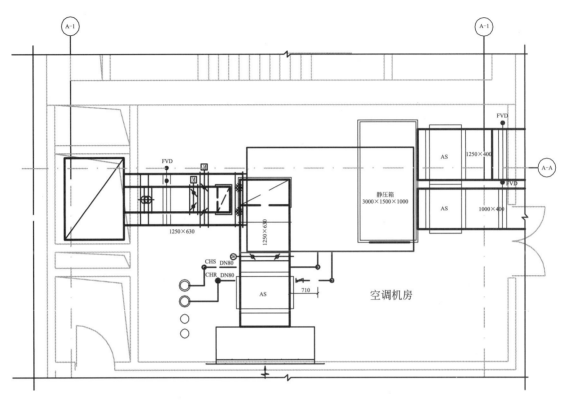

图 4.1.6-1　空调机房平面图

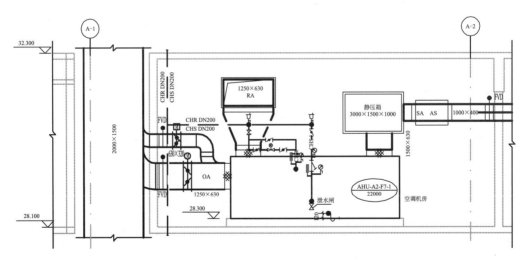

图 4.1.6-2　空调机房剖面图

问题【4.1.7】

问题描述：

变风量末端装置的进风支管上错误地设置手动调节风阀（图 4.1.7-1）。

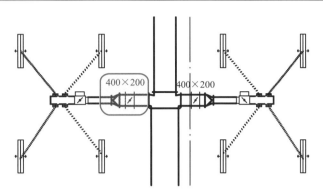

图 4.1.7-1　变风量末端装置的进风支管（错误）

原因分析：

　　《民用建筑供暖通风与空气调节设计规范》GB 50736—2012 第 7.2.11 条规定：末端设备设有温度自动控制装置时，空调系统的夏季冷负荷按所服务各空调区逐时冷负荷的综合最大值确定。变风量空调系统的送风量上由各空调区逐时冷负荷的综合最大值计算所得；各 VAV-Box 一次风最大风量由温度控制区的显热负荷计算所得，其累加值大于变风量空调系统的送风量。

　　如果设置手动调节风阀，在风系统调试时无法达到每个 VAV-Box 的最大风量。人为设定风系统的水力等比调节度，不利于风量控制。因此在末端装置的进风支管上设置手动调节风阀不但不需要，而且对风量控制不利。等于在进风支管上多串联了一个风阀，减小了末端装置调节风阀的阀权度，使末端装置的调节性能变差。

应对措施：

　　变风量空调系统末端装置的进风支管不应设置手动调节风阀（图 4.1.7-2）。

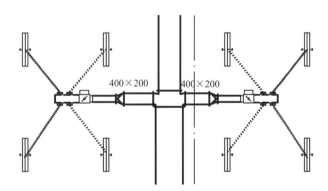

图 4.1.7-2　变风量末端装置的进风支管（正确）

4.2　气流组织

问题【4.2.1】

问题描述：

　　高大空间风口形式不正确，空调效果差。

原因分析：

未考虑气流组织的合理性。高大空间按普通空间设置普通送风口，造成送风难以接近人员活动区。回风口设置在高位，造成夏季过热冬季热风送不下来；或送风直接吹到人员活动区，造成人体感受不舒适。

应对措施：

高大空间需考虑气流组织合理性，良好的气流组织，既让人员感受舒适，又不浪费能源：建议三层以上高大空间采用分层空调：一层低位或侧面送风，下回风的方式，顶部做空调排风。高大空间宜采用远距离送风口，如喷口及旋流风口，综合考虑合理组织气流，满足空调区域的舒适性。另外，如果条件允许，应优先选择较为节能的分层空调方式或者置换通风方式区（图 4.2.1）。

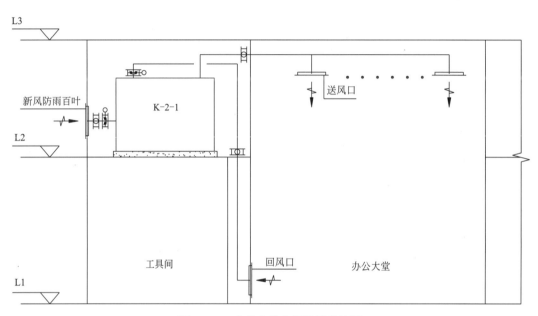

图 4.2.1 办公大堂空调通风系统图

问题【4.2.2】

问题描述：

空调末端没有按照朝向分区控制，内外分区控制不合理，极易造成空调效果不好，人体感受不舒适（图 4.2.2）。

原因分析：

1）空调区域进深较大，未按内外区设置空调末端，末端供冷平均分配，造成内区过冷或外区过热。

2）空调器送风方式选取不对，如净高较低的场所采用散流器或百叶下送方式，极易造成送风口下部人员难以忍受：温度低、吹风感强，人员感受非常不舒服。

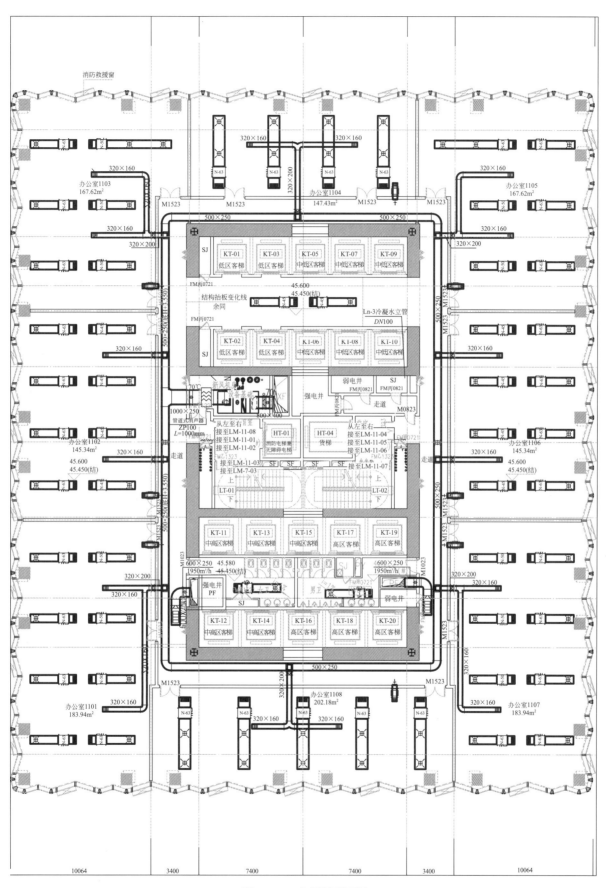

图 4.2.2 空调风平面图

应对措施：

有建筑外墙特别是玻璃外幕墙的建筑，应考虑外区受建筑围护结构传热的影响，在布置空调末端时应考虑其舒适性，建议进深大于 8m，有玻璃幕墙或窗户的空间，考虑按内外区设置不同的空调器，并按内外区分别设置温度传感器或温控器。

空调末端送风方式选取需要结合送风温度、送风高度合理选用，当房间净高较低时，送风方式宜采用侧送风口或散流器平送等贴附射流的方式，确保人员活动区域风速不大于 0.2m/s。

4.3 设备选型

问题【4.3.1】

问题描述：

风机盘管加新风系统，设备表风机盘管机、新风机出风状态参数标注与实际不符（图 4.3.1-1）。

风机盘管

风机盘管 设备编号	设备形式	风机				冷却参数								机组 噪声
		风量	机外余压	电源	电机功率	冷量	进出水温度	进风参数		出风参数		承压	最大水压降	
		m³/h	Pa	V-∅-Hz	W	kW	℃/℃	DB/℃	WB/℃	DB/℃	WB/℃	MPa	kPa	dB(A)
FP-02	卧式暗装	340	30	220-1-50	41	2.42	6/12	25.5	19.2	15.5	14.5	1.6	10	36
FP-03	卧式暗装	610	30	220-1-50	52	3.30	6/12	25.5	19.2	15.5	14.5	1.6	16	39
FP-04	卧式暗装	680	30	220-1-50	65	4.45	6/12	25.5	19.2	15.5	14.5	1.6	26	40
FP-05	卧式暗装	850	30	220-1-50	87	4.85	6/12	25.5	19.2	15.5	14.5	1.6	30	42
FP-06	卧式暗装	1020	30	220-1-50	106	5.99	6/12	25.5	19.2	15.5	14.5	1.6	40	45.5
FP-08	卧式暗装	1360	30	220-1-50	150	8.35	6/12	25.5	19.2	15.5	14.5	1.6	38	45.5

新风机组

序号	设备编号	数量	服务区域	风机段						盘管参数					机外余压	单位风量耗功率	噪声	运行重量
				风量	全压	转速	风机效率	功率	电压	供冷工况								
										冷量		夏季进出水温度	盘管前空气参数 DB/WB/RH	盘管后空气参数 DB/WB/RH				
										全热	显热							
		台		m³/h	Pa	r/min	%	kW	V	kW	kW	℃/℃	℃/℃/%	℃/℃/%	Pa	W/(m³/h)	dB(A)	kg
1	X-L2-01	1	裙房 B1-3F	30000	1000	—	65	18.5	380	55.8	—	10/15	26.2/20.0	19.4/18.2	500	0.214	—	1711
2	X-L5-01	1	裙房 3F-5F	20000	1000	—	65	11	380	37.2	—	10/15	26.2/20.0	19.4/18.2	500	0.214	—	1510

图 4.3.1-1 风机盘管机、新风机设备材料表

原因分析：

以夏季运行为例：通常较多情况，新风处理到的状态点为等焓点或者等湿点。此时风机盘管

机、新风机出风的状态参数需要利用焓湿图来确定。因各空调区域的负荷、湿负荷、新风量（新风比）不同，各空调区域的风机盘管机出风的状态参数会有所不同。

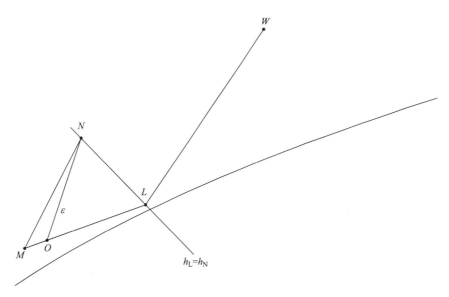

图 4.3.1-2 夏季新风与风机盘管送风分别送入室内（新风处理到等焓点）

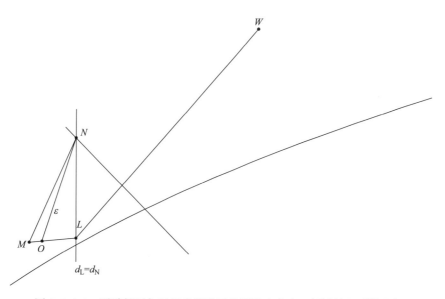

图 4.3.1-3 夏季新风与风机盘管送风分别送入室内（新风处理到等湿点）

室内末端风盘的选型关系到是否需要末端风盘承担室内湿负荷，如处理参数设计不当，会造成室内风盘选型偏小或出现除湿能力不够，室内温度、湿度降不下来等情况。风机盘管加新风系统在设备选型中，未进行热湿负荷精确分析计算，新风处理状态点不明确会导致采购的设备处理能力不够，室内温度或湿度达不到室内设计参数要求（图 4.3.1-2、图 4.3.1-3）。

应对措施：

对于风机盘管加新风系统，设计人员需要利用焓湿图来确定设计环境室内外空气状态点、系统需要的设计工况，确定满足系统要求的风机盘管系统、新风系统处理状态点。设备表中设计参数应与设计工况相符。

风机盘管机在设计选型时风量按中档选取，并对额定工况进行校正。

问题【4.3.2】

问题描述：

　　组合式空调柜的机外余压选择及计算：组合式空调柜机外余压，或风机风压选型错误或偏小，导致风柜风压偏小，风量难以达到设计要求（图4.3.2）。

序号	设备编号	数量	服务区域	风机段						盘管参数										机外余压	单位风量耗功率
				风量	全压	转速	风机效率	功率	电压	供冷工况				供热工况							
										冷量		夏季进出水温度	盘管前空气参数 DB/WB	盘管后空气参数 DB/WB	热量	冬季进出水温度	盘管前空气参数 DB/WB /RH	盘管后空气参数 DB/WB /RH			
										全热	显热										
		台		m³/h	Pa	r/min	%	kW	V	kW	kW	℃/℃	℃/℃	℃/℃	kW	℃/℃	℃/℃	℃/℃	Pa	W/(m³/h)
1	K-L5-03	1	ZT-02-L5 防火分区	24000	1000	—	65	15	380	82	—	10/15	25.5/19.2	15.5/14.2	57	60/50	15.2/7.0	21.8/9.6	500	0.214
2	K-L6-03	1	ZT-02-L6 防火分区	30000	1000	—	65	18.5	380	122	—	10/15	25.5/19.2	15.5/14.2	54	60/50	15.2/7.0	21.8/9.6	500	0.214

图4.3.2　组合式空调柜设备表

原因分析：

　　组合式空调柜风压选择，不少设计师容易犯错，误将机外余压当风柜风机压头提资电气专业进行选型及配电，风机选型及机组配电未计算机组内风压损失；也有将输送风管管道、风口等输送阻力当机外余压的，未计算风柜出口动压余压。

应对措施：

　　通常我们在组合式空调柜设备选型时，标注的风柜风压指的是机外余压，也是风柜出口的全压，包含出口静压及动压，此部分风压承担出机组后输送压力损耗。

　　标注风柜风压时，需要计算所有管道及风口阻力（包含送风管道、回风管道及局部阻力，机外余压应该为机组进出口的全压差），同时切勿漏算风柜出风口动压，否则极易造成选型风压偏小。组合式功能段选择时，其风机风压需要计算机组内各功能段阻力，加组合式空调柜机外余压为风机风压，以此核算电量给电气提资。

问题【4.3.3】

问题描述：

　　办公大堂负荷计算偏小，围护结构负荷取值错误，新风指标取值不当，造成大堂空调效果不佳：降温慢或温度达不到设计温度要求；南方夏季供冷时门口热风入侵，体验感差。

原因分析：

　　分析大堂空调效果不佳主要原因除正常的计算选型外，设计师通常容易疏忽大堂围护结构中玻璃的传热系统、遮阳系数与建筑整体围护结构热力性能的差别。大堂通常建筑专业要求通透，其玻璃隔热的传热系数、遮阳系数均高于其他区域，设计师拿到的是建筑节能报告中的总体指标，但未关注到大堂特殊区域的特殊参数，导致计算值中传热系数、遮阳系数采用了整体指标值，负荷计算偏小；其次在大堂新风指标取值上偏小，导致计算负荷不够，运行温度达不到设计要求，新风量偏小未保持房间正压导致有热风入侵现象出现。

应对措施：

大堂空调负荷计算时，重点关注大堂特殊场所建筑专业的特殊要求，大厅围护结构玻璃传热系数、遮阳系数按建筑特殊部位参数选取；新风量除满足正常人员卫生要求的新风量外，还需要补充局部排风及维持室内正压（表 4.3.3）。

新风量取值　　　　　　　　　　　　　　　　　　　　表 4.3.3

房间名称	人均使用面积/(m²/人)	新风量/(m³/h·人)
办公大厅	5	10

问题【4.3.4】

问题描述：

商业中庭顶层空调负荷计算，忽视太阳辐射对空调区域的影响。在大型商业设计中，中庭上空经常有大面积的玻璃屋顶，空调设计这部分按常规负荷计算选型后在后期运行中经常出现不能满足空调设计参数，造成顶层闷热，空调体验感差的问题（图 4.3.4-1）。

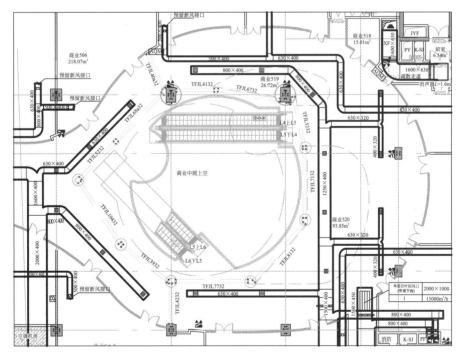

图 4.3.4-1　中庭空调风平面图

原因分析：

《公共建筑节能设计标准》GB 50189—2015 第 3.2.7 条："甲类公共建筑的屋顶透光部分面积不应大于屋顶总面积的 20%。当不能满足本条的规定时，必须按本标准规定的方法进行权衡判断。"

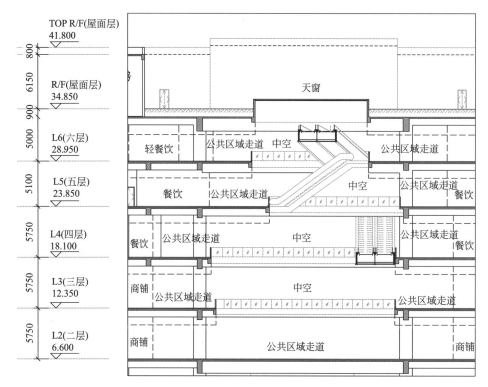

图 4.3.4-2 中庭剖面图

夏季屋顶水平太阳辐射强度最大，屋顶透光面积越大，相应建筑的能耗也越大。设置大面积水平玻璃屋顶的中庭区域，通过玻璃进入的太阳辐射热量非常大，单纯靠空调系统很难去消除该部分的热量。另外，由于中庭层高高，热空气上升也会导致顶层冷负荷增加。如果设计人员按常规空调负荷计算和选型设备，后期运行中该区域体验感会相当差（图4.3.4-2）。

应对措施：

首先在设计方案阶段同建筑设计师商议，尽量减少大面积玻璃顶的设置，保留的玻璃顶宜考虑采用室内遮阳措施来减少进入中庭的太阳辐射热量；二是在空调设计中，适当调整太阳辐射影响区域整个中庭的空调负荷，根据负荷计算复核有太阳得热区域的送风量以改善该区域的舒适环境。

问题【4.3.5】

问题描述：

《房间空气调节器能效限定值及能效等级》GB 21455—2019，对热泵型房间空气调节器、单冷式房间空气调节器能效提出了新的标准，是否以此作为配电依据。

原因分析：

该标准提出的房间空气调节器能效限定值及能源效率等级标准，是根据产品的实测全年能源消耗效率为依据来区分产品的等级，不宜作为配电依据，以免造成跳闸现象。

应对措施：

设计按需求标注房间空调器的能效等级，配电按厂家提供的电功率参数。

4.4　设备布置

问题描述：

引入新风条件困难，全空气系统新风难以实现全新风运行（图4.4.1）。

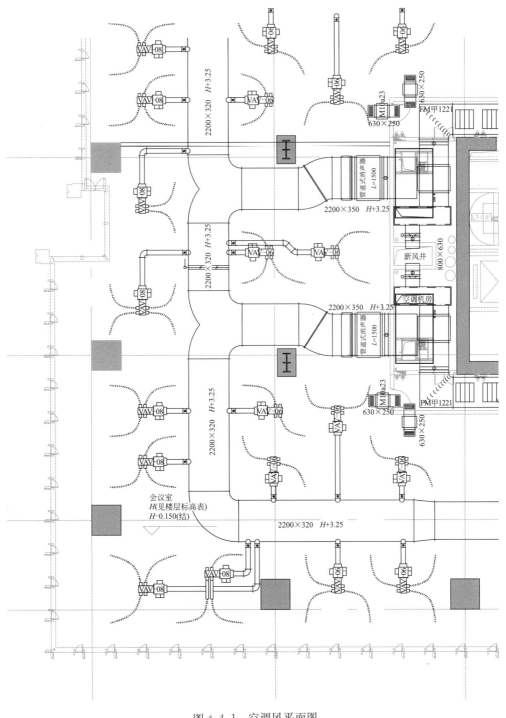

图 4.4.1　空调风平面图

原因分析：

空调机房不贴邻外墙或新风、排风管井，造成引入新风条件困难，新风、排风管接管影响空间使用。

应对措施：

建议空调机房尽可能靠近建筑外墙或进、排风管井位置，便于引入新风及排出空气，并注意不得贴邻重要房间，特别是对噪声标准要求高的控制室、放映室、会议室等功能用房。

空调机房应考虑噪声、振动，取新风可否是全新风等情况。

问题【4.4.2】

问题描述：

设计人员未有效控制空调新风、排风及空调水管的服务半径，造成管道水平距离过大、净高控制困难、输送能耗增大、系统难以平衡等问题（图4.4.2）。

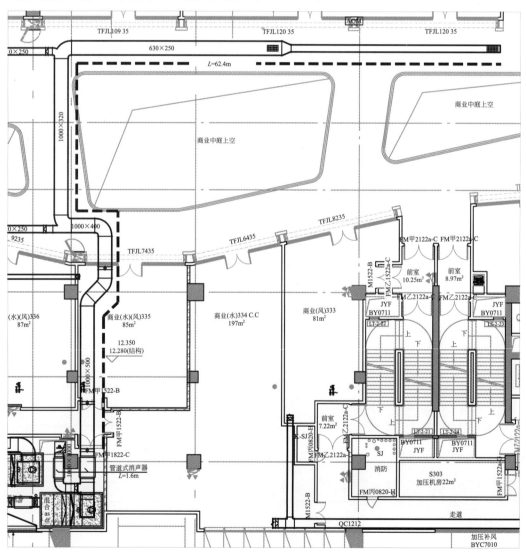

图4.4.2　空调风平面图

原因分析：

大型商业项目单层面积大，同一个防火分区使用功能可能包含普通商铺、餐饮、公共空间等，如只按防火分区设置新风、排风及空调水管，势必造成服务距离远；由于服务距离远、服务面积大，造成风管截面大、水管管径大，进而造成综合管线、净高控制难度大，同时管道距离远，阻力增大，造成后期运行风机、水泵输送能耗增高，不利于节能。

应对措施：

建议新风、排风水平服务半径宜按 40m 控制，不宜大于 50m 的原则配合建筑专业预留竖向管井条件，保证风机的单位风量耗功率满足规范要求。

问题【4.4.3】

问题描述：

空调机房的噪声控制是设计师容易疏忽的地方，特别是全空气系统，风量大、风压高、设备噪声大，极易造成相邻的办公区噪声过大，影响使用。

原因分析：

空调机房噪声影响办公人员活动区，一般有以下几种情况：

1）机房未考虑有效的消声措施。

2）因机房面积过小导致空调机组采用非标产品，空调机组各功能段断面尺寸减小，机组风机压头加大，造成设备噪声大。

3）空调送回风管道未设置管道消声措施。

4）全空气系统空调回风采用机房侧墙回风，回风段消声效果差。

应对措施：

关注空调机房的噪声及消声处理（图 4.4.3-1、图 4.4.3-2）：

1）与建筑专业配合落实机房内设置墙面降噪措施，如采用穿孔吸声板做墙体隔声、降噪（图 4.4.3-1）或参考《民用建筑隔声与吸音构造》15ZJ502 关于"设备机房隔声设计（三）"的内容。

2）根据标准的设备产品提合理的土建机房需求，放置设备机房不满足正常的设备安装需求，避免采用非标准化尺寸过小的设备产品。

3）空调送回风管根据设备选型宜选用合理的管道消声器，避免噪声通过风管传递到办公空调区域。

4）全空气系统空调回风不建议采用侧墙设置回风口的方式，避免机房噪声通过侧面风口传递到空调区，如无法满足必须设置侧面回风时，需采用侧回风口接风管并设置消声器或设置回风消音室，消音室做消声处理；回风通过消声室设置的百叶风口再回到空调机组。

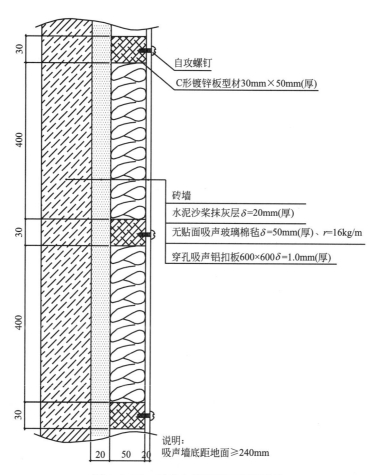

说明：
吸声墙底距地面≥240mm

图 4.4.3-1　机房内设置墙面降噪措施

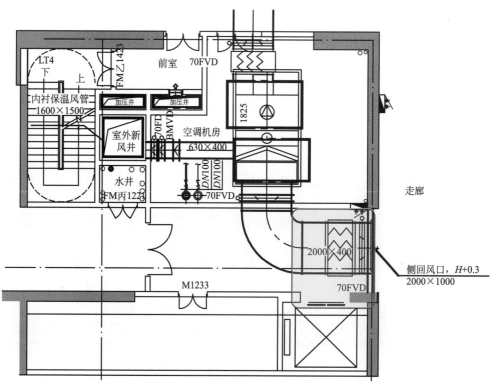

图 4.4.3-2　机房内回风口设置

问题【4.4.4】

问题描述：

超高层公寓分体空调室外机设置在无外窗的挑空楼板处，安装人员无法到达（图 4.4.4）。

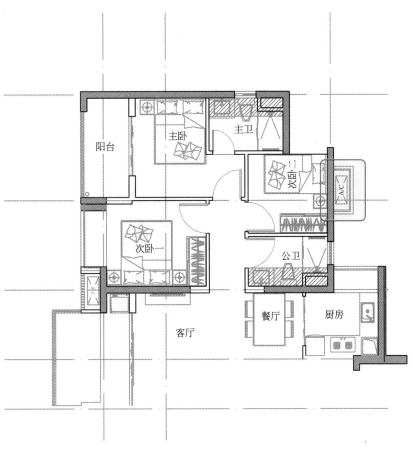

图 4.4.4　公寓平面图

原因分析：

建筑专业未考虑分体空调室外机位的合理性，为后期检修和安装带来不便。

应对措施：

分体空调室外机应设置于安全牢固、有利于散热、人员容易到达、便于安装及维修、利于减少室内噪声的位置。方案初期应由暖通专业和建筑专业配合，在不影响建筑立面的情况下，选择合理的位置设置分体空调室外机机位，预留安全合理的安装条件。

问题【4.4.5】

问题描述：

地下设备机房设有分体空调或多联机，空调室外机设置在设备走廊（图 4.4.5）。

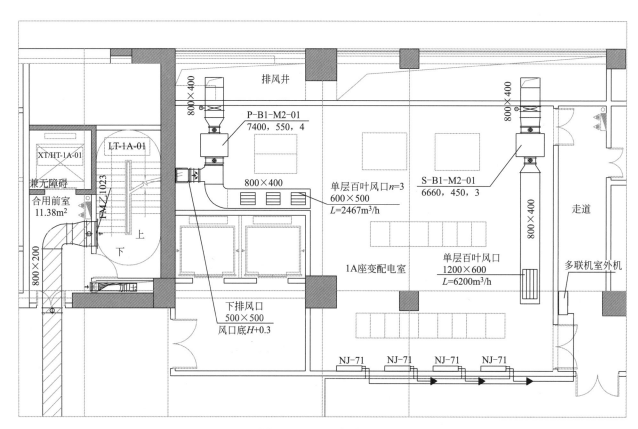

图 4.4.5 配电房平面图

原因分析：

空调室外机设置在设备走廊，散热量无法及时排除，走廊噪声大、温度高，空调的制冷效率下降。

应对措施：

分体空调室外机应优先设在室外通风良好的位置，确有困难也可就近设置地下车库。设置地下车库时，设置位置应靠近车库排风系统的排风口或将排风口接至空调室外机附近。

问题【4.4.6】

问题描述：

平衡阀的选型及安装不当，会造成系统调节精度降低，严重的甚至会影响系统正常运行。为充分发挥平衡阀应有的作用，有必要了解平衡阀的原理、应用场合及选型。

原因分析：

平衡阀大致分为静态平衡阀和动态平衡阀，其中动态平衡阀又分为动态压差平衡阀和动态流量平衡阀。

由于动态流量平衡阀多应用于一次泵定流量系统中，不适用于目前常用的变流量系统。

静态平衡阀的原理：调节自身开度，改变局部阻力，调整各并联环路的阻力比值，使流量按需分配，达到实际流量与设计流量相符。

动态压差平衡阀：在一定压差范围内，通过现场设定压差值，屏蔽系统压差的波动，使得所控制两点间压差恒定不变。

应对措施：

1）选型：常规可先按管道管径选取。

管径复核：按照 K_{vs} 值选型，已知流量 Q（m³/h），$Q = K_v \times \sqrt{\Delta P}$ 代入公式，得出 K_v 值，当 K_{vs} 值大于 K_v 值时，阀门的口径满足要求。

一般情况下，在设计阶段前期，无法准确知道所安装支路需要补偿多大的阻力值，为了不增加系统阻力，在阀门全开情况下，前后的压差不大于 5kPa，代入上式即可得到特定 Q 情况下的 K_v 值

2）安装：

（1）不应串联安装，即同一环路供回水管不应同时安装多个静态平衡阀和动态压差平衡阀。

（2）阀门宜安装在供回水环路的回水管上，当静态平衡阀和动态压差平衡阀组合安装时，宜将静态平衡阀安装在供水管上，动态压差平衡阀安装在回水管上，如图 4.4.6-1 所示：

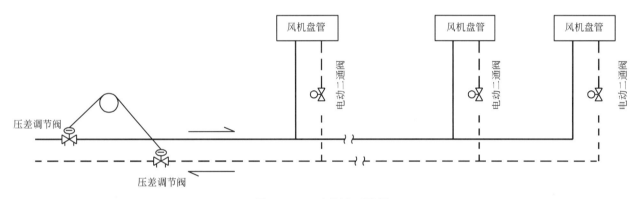

图 4.4.6-1　空调水系统图

（3）为确保测量精度，平衡阀宜安装在直管段上，如图 4.4.6-2 所示：

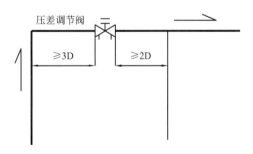

图 4.4.6-2　压差调节阀

（4）为确保系统正常运行，所有平衡阀应由专业厂家进行现场统一调试并对阀门的开度进行锁定。若后期由于项目或系统改扩建需要重新调整，应对系统重新调试。

（5）不必再安装截止阀。

4.5 管道敷设

问题【4.5.1】

问题描述：

集中商业内多个商铺共用的空调冷、热水主干管道及各区域主分支管道与阀门，敷设在各商铺内而非公共区域，给后期运行维护带来不便。

原因分析：

设计时仅考虑设计接管方便，未考虑后期维护检修问题。

应对措施：

将空调冷热水主管及各区域分支管道、阀门改至后勤走道或非商业区（图 4.5.1-1～图 4.5.1-3）。

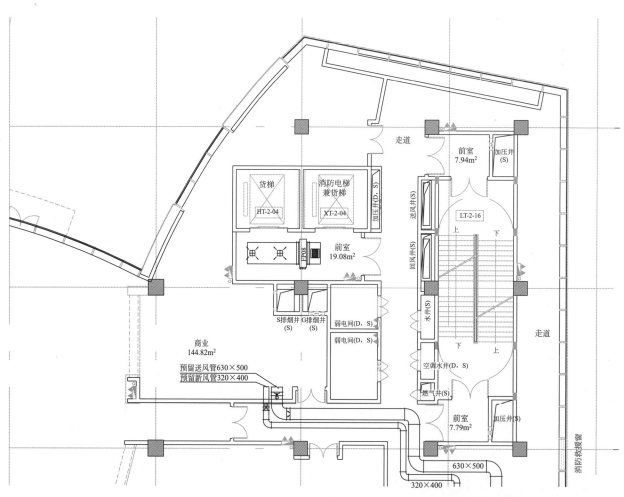

图 4.5.1-1 通风空调平面图（一）

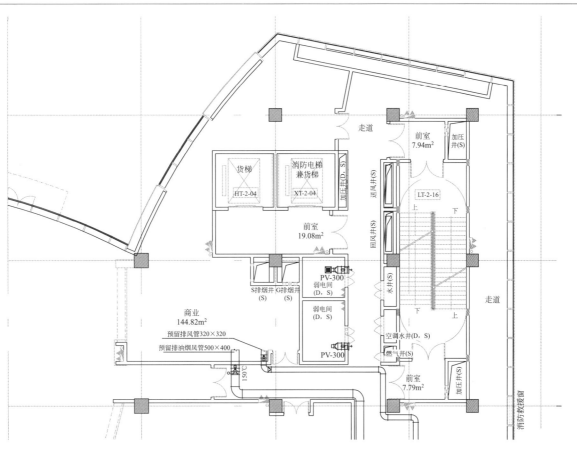

图 4.5.1-2　通风空调平面图（二）

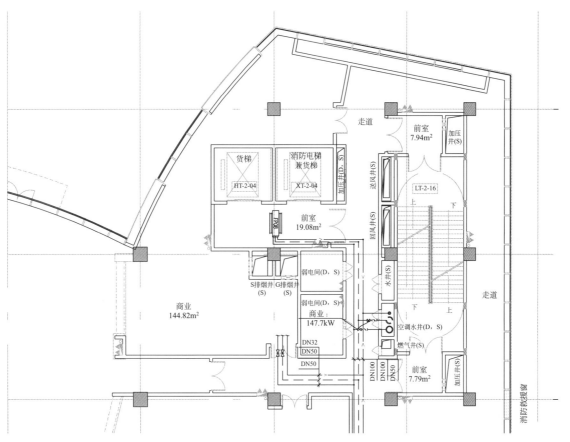

图 4.5.1-3　空调水管平面图

问题【4.5.2】

问题描述：

　　管道补偿问题及推力计算：冷冻水管及冷却水管不能满足自然补偿要求时，多长距离考虑设置补偿器（图4.5.2-1）。

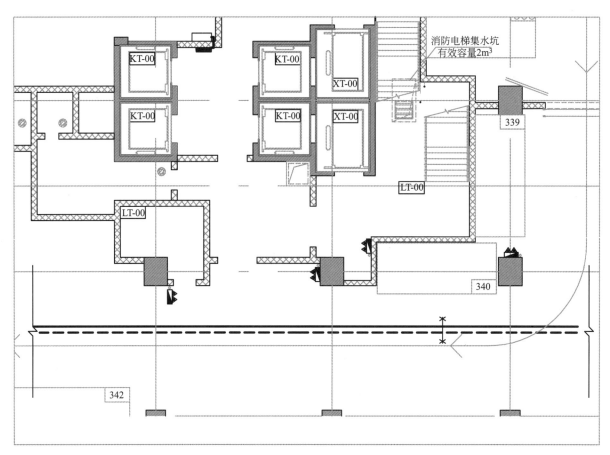

图4.5.2-1　地下车库空调水管平面图

原因分析：

　　国家标准《民用建筑供暖通风与空气调节设计规范》GB 50736—2012第5.9.5条：当供暖管道利用自然补偿不能满足要求时，应设置补偿器。对应条文说明有要求：保证分支干管接点处的最大移动量不大于40mm，立管的伸缩引起的移动量不大于20mm；计算管道膨胀量时，管道的安装温度应按冬季环境温度考虑，一般可取0～5℃，且计算公式为$l = 0.012 \times \Delta t \times L$（假设管材为镀锌钢管），上述公式空调水管也同样适用，但对应于室外参数应取深圳室外最不利环境温度。干管最大移动量取30mm，通过带入公式代入数值计算。

　　(1) 空调冷却水供回水取32/37℃，室外最不利环境温度取0℃，冷却水管道长度为65m。

　　(2) 空调冷冻水供回水取5/12℃，室外温度最不利环境温度取40℃，冷冻水管道长度为70m。

　　如上述计算可得，当冷却水管道超过65m时才需设置补偿器，冷冻水管道超过70m时才需设置补偿器。

应对措施：

　　冷却水管长不超过 65m，冷冻水管长不超过 70m 时，管道中部加设一个固定支架即可，两端管道做自然收缩补偿；冷却水管固定段长超过 65m，冷冻水管固定段长超过 70m 时，应设补偿器（图 4.5.2-2）。

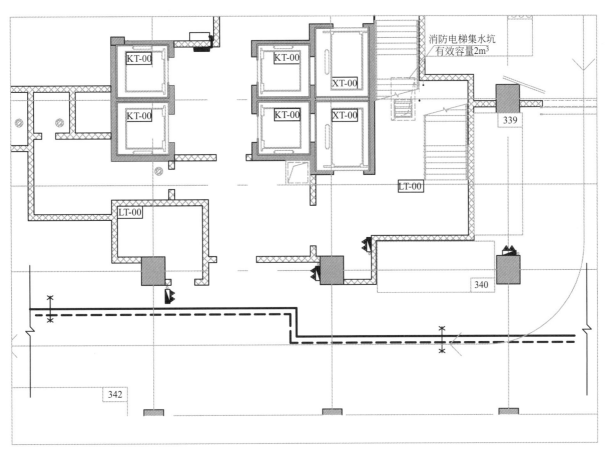

消防电梯集水坑
有效容量2m³

图 4.5.2-2　地下车库空调水管平面图（自然补偿）

问题【4.5.3】

问题描述：

　　供回水管路三通设成 T 形，导致水系统局部阻力加大。

原因分析：

　　绘图时仅考虑设计接管方便和图面美观，未考虑对实际运行的影响。

应对措施：

　　在平面图上，改变其中一条回水支路的位置，避免两根回水支路对冲（图 4.5.3-1、图 4.5.3-2）。

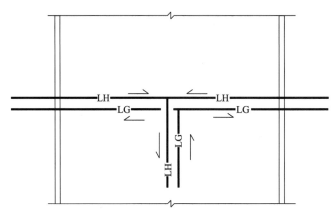

图 4.5.3-1 T 形接管

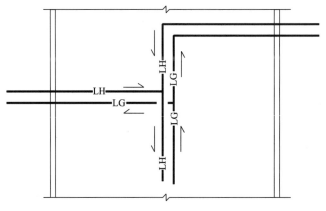

图 4.5.3-2 合流、分流三通接管

问题【4.5.4】

问题描述：

集中商业空调水管服务半径过大，空调冷凝水横管长度过长（大于 50m）。其水平横管长度过长易造成排水不畅，且增加机电管线对净高的影响。

原因分析：

冷凝水排水立管结合冷冻水立管设置，未有效关注冷凝水排放的特殊性，规划冷凝水排水立管太少。

应对措施：

调整冷凝水排水路径，增加冷凝水立管设置，根据吊顶空间高度校核冷凝水管长。

建议尽量就近排放，冷凝水排水管道不一定与空调供回水管道并排敷设。

第 5 章 　冷源与热源

问题【5.1】

问题描述：

　　某些项目暖通设计说明冷、热源设计中，不写明设计冷/热负荷的情况，没有设计冷/热负荷要求，就直接选择主机和辅助设备，成为无源之水。示例如图 5.1：

冷、热源设计

1) 空调系统冷源

2) 研发配套用房及 7～9 层产业研发用房空调系统

(1) 从经济性角度、机房占用面积、后期维保等方面出发，空调冷源方案采用空气源空调系统；

(2) 配置 3 台制冷量 800kW 风冷螺杆机组，167m³/h 冷冻水泵 4 台 (3 用 1 备)；

(3) 空调水系统为一次泵变流量系统，冷冻水系统立管，各层水平支管均采用两管制异程式，各层水平支管回水管处均设置动态压差平衡阀组；

(4) 水系统采用闭式膨胀水箱进行补水定压及补水；

(5) 冷冻水处理采用全自动化学加药装置。

3) 11～31 层产业研发用房空调系统

(1) 从经济性角度、机房占用面积、后期维保等方面出发，产业研发用房楼层采用多联机空调系统；

(2) 产业研发用房每层设计 2 台 46HP 的室外机 (具体以详细建筑平面计算后确定)，多联式室外主机、新风系统主设备安装在避难层及塔楼屋面层。

4) 配套宿舍空调系统

(1) 从经济性角度、机房占用面积、后期维保等方面出发，配套宿舍空调冷源方案采用空气源热泵空调系统；

(2) 配置 10 台制冷量 130kW 热回收型风冷热泵模块机组，3 台 (2 用 1 备) 134m³/h 冷冻水循环泵；

(3) 配置 4 台制热量 138kW 风冷热泵模块机组，3 台 (2 用 1 备) 54m³/h 热水循环泵；

(4) 空调水系统为一次泵变流量系统，空调水系统立管、各层水平支管均采用四管制同程与异程相结合的方式，各层水平支管回水管处均设置动态压差平衡阀组。

图 5.1　某研发办公项目空调设计与施工说明

原因分析：

　　设计人员未按照《建筑工程设计文件编制深度规定》（2016 年版）要求编制设计说明文件，冷热源设备选型没有计算冷、热负荷作为依据。

应对措施：

　　建议有冷热源设计的项目，设计说明根据《建筑工程设计文件编制深度规定》（2016 年版）第4.7 节相关要求，按所述深度内容全文书写：

　　4.7.3 设计和施工说明

　　1 设计说明

　　……

5）供暖：①供暖热负荷、折合耗热量指标；

②热源设置情况，热媒参数、热源系统工作压力及供暖系统总阻力；

......

6）空调：①空调冷、热负荷，折合耗冷、耗热量指标；

②空调冷、热源设置情况，热媒、冷媒及冷却水参数，系统工作压力等；

......

问题【5.2】

选择冷水机组总装机容量时，没有考虑同时使用系数，负荷计算分楼栋、分功能区进行，最后汇总时采用每个区的最大值直接求和，举例见表5.2：

某项目的负荷计算统计表 表 5.2

功能	计算冷负荷/kW	最大值时间
地下商业	1256	16 时
裙房餐饮	4566	18 时
塔楼办公	8213	16 时
汇总	14035	

原因分析：

1）负荷汇总违背《民用建筑供暖通风与空气调节设计规范》GB 50736—2012 第 7.2.10 条相关规定，直接累加了各功能区域冷负荷最大值。

2）根据业主要求设置了备用机组，但没有说明支撑项目满足设置备用机组的条件。

应对措施：

1）根据《民用建筑供暖通风与空气调节设计规范》GB 50736—2012 第 7.2.10 条规定：空调区的夏季冷负荷，应按空调区各项逐时冷负荷的综合最大值确定。可采用鸿业、天正、斯维尔等专业的负荷计算软件输入正确参数生成逐时逐项空调负荷计算书。

2）结合运营统计数据，合理考虑因建筑功能不同、运营时间差异等而引起的项目空调同时使用系数。

3）根据《民用建筑供暖通风与空气调节设计规范》GB 50736—2012 第 8.2.2 条规定：电动压缩式制冷水机组的总装机容量应根据计算的空调系统冷负荷值直接选定，不另作附加；在设计条件下，当机组的规格不能符合计算冷负荷要求时，所选择机组的总装机容量与计算冷负荷的比值不得超过 1.1。

4）冷源设备应选用满足国家《冷水机组能效限定值及能效等级》GB 19577—2015 标准二级以上（含二级）认证的产品，并根据制冷机组选型经济技术分析选择一级或二级产品。

5）电制冷机组冷媒应采用环保型冷媒。

问题【5.3】

问题描述：

冷水机组蒸发器、冷凝器设计承压值与水系统工作压力不匹配，经常出现设计承压值低于工作压力；或者设计要求的承压能力过高，导致资源浪费和成本增加。

原因分析：

1）设计没有进行水系统工作压力计算。

2）计算主机工作压力时未考虑水泵位置对主机承压的影响，当水泵在冷水机组进水侧时，冷水机组工作压力计算应考虑系统静压及水泵扬程的叠加。

应对措施：

1）设计说明中、设备表中关于冷水机组、水泵、末端设备的承压描述要经过计算。

2）通过水系统图进行校核，水系统图应表达最低位置标高、最高位置标高，膨胀水箱定压液面标高，采用定压罐定压时，应注明定压罐设定值。

问题【5.4】

问题描述：

多台冷却塔并联或大小塔并联，并联冷却塔漏设平衡管或有平衡管但其管径选择不当，出水管漏设手动阀或带调节功能的电动阀，运行时有的塔存水盘溢水，有的塔存水盘进空气。

原因分析：

1）不了解冷却塔的大小有水量的平衡问题，冷却塔工作规律有间隙停开，冷却塔并联有阻力平衡问题。

2）没有考虑冷却塔积水盘内的污泥等杂物易流入平衡管，形成脏堵。

应对措施：

1）熟悉相关规范，如给水排水规范、绿色建筑相关规范。

2）平衡管宜设排污口。

3）各冷却塔的水位应控制在同一高度。在各塔的底盘之间安装平衡管，并加大出水管共用管段的管径。一般平衡管管径可取比总回水管的管径加大一号［摘自《实用供热空调设计手册》（第二版）］。

4）冷却塔进出水管设手动阀和带调节功能的电动阀，电动阀与水泵和冷却塔风机连锁控制。

问题【5.5】

问题描述：

吊装孔设置位置不合理，主要有以下问题：

1）制冷机组、水泵等大型设备运输路线净高不足。

2）吊装孔设置位置无法实现机械吊装。如图5.5所示，深圳某大型商业综合体项目制冷机房吊装孔设置于商业扶梯入口处。

原因分析：

1）仅考虑机组尺寸，没计算运输高度，运输线路净高不满足机组送达机房的要求。

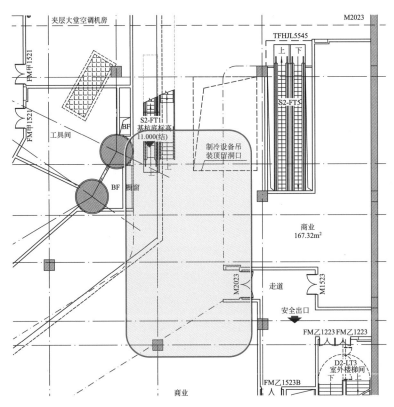

图 5.5　某大型商业综合体项目吊装孔位置图

2）图 5.5 设置的吊装孔位置，未考虑地面层吊装方案；另外，该吊装孔位置未考虑设备检修或更换对使用功能的影响。

应对措施：

1）设备专业应向结构专业提供运输设备的路线及荷载，以便结构专业在设计时予以考虑。

2）设备运输优先选择吊装孔垂直吊装就位，最好在机房正上方预留起吊最大部件的吊钩或设置电动起吊装备。确无条件设置竖向吊装孔时，可配合土建，结合汽车坡道条件预留合理的机组运输通道，保证净高等要求。

3）吊装口的位置不宜设置于地上人员经常停留或者活动的场所。避免设备更换或大件检修需要开凿吊装孔封板时影响地上建筑正常使用。

问题【5.6】

问题描述：

分体空调机室外机，机位设置不合理：

1）设置位置不方便安装、检修，如图 5.6-1 所示。

2）住宅凹槽内设置，凹槽净宽不到 3m，室外机位置设置出现对吹，如图 5.6-2 所示。

3）商铺商业室外机在门头商铺招牌后面，室外机出风被遮挡。

4）室外机低位设置，出风吹人行通道，影响人行通道使用。

5）室外机装饰百叶通风率不满足节能规范要求。

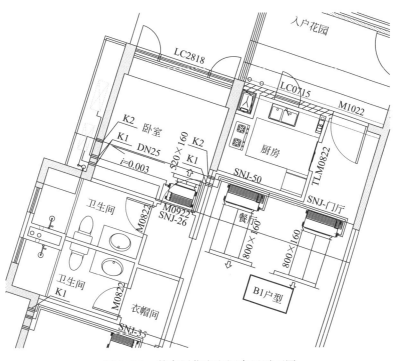

图 5.6-1 某高层住宅空调布置平面图

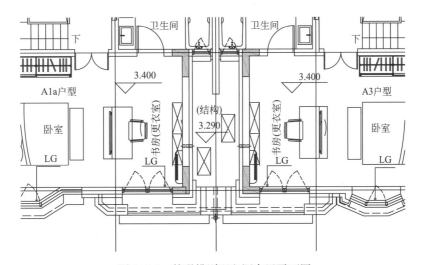

图 5.6-2 某联排别墅空调布置平面图

原因分析:

1) 建筑、暖通专业配合缺失,建筑设计未考虑,暖通专业功能需求;

2) 设计师对室外机位置设置要求不了解。

应对措施:

1) 建筑专业预留室外机位应同暖通专业沟通,保证空调室外机通风良好、方便安装检修,低位设置不影响其他功能的使用。

2) 空调机位应安全可靠,应采用土建结构,有安装维修的空间和条件,确保使用及维修人员操作安全。

问题【5.7】

问题描述：

设备表中只给出分体式空调器制冷量参数、耗电功率值，没有提供热泵型房间空气调节器根据产品实测的全年能源消耗效率（APF），或单冷式房间空气调节器按实测制冷季节的能源消耗率（SEER）。

原因分析：

对规范《房间空气调节器能效限定值及能效等级》GB 21455—2019 的要求不了解。

应对措施：

《房间空气调节器能效限定值及能效等级》GB 21455—2019 第 4 章规定如下，设计应根据规范条款要求提供 APF 值或 SEER、HSPF 值。

4.1 房间空调器能效等级

4.1.1 房间空气调节器能效等级分为 5 级，其中 1 级能效等级最高。

4.1.2 热泵型房间空气调节器根据产品的实测全年能源消耗效率（APF）对产品能效分级，各能效等级实测全年能源消耗效率（APF）应不小于表 1 规定。

热泵型房间空气调节器能效等级指标值 表 1

额定制冷量（CC）W	全年能源消耗效率（APF）				
	能效等级				
	1 级	2 级	3 级	4 级	5 级
CC≤4500	5.00	4.50	4.00	3.50	3.30
4500＜CC≤7100	4.50	4.00	3.50	3.30	3.20
7100＜CC≤14000	4.20	3.70	3.30	3.20	3.10

4.1.3 单冷式房间空气调节器按实测制冷季节能源消耗率（SEER）对产品进行能效分级，各能效等级实测制冷季节能源消耗效率（SEER）应不小于表 2 规定。

单冷式房间空气调节器能效等级指标值 表 2

额定制冷量（CC）W	制冷季节能源消耗效率（SEER）				
	能效等级				
	1 级	2 级	3 级	4 级	5 级
CC≤4500	5.80	5.40	5.00	3.90	3.70
4500＜CC≤7100	5.50	5.10	4.40	3.80	3.60
7100＜CC≤14000	5.20	4.70	4.00	3.70	3.50

4.2 低环境温度空气源热泵热风机能效等级

4.2.1 低环境温度空气源热泵热风机根据产品的实测制热季节性能系数（HSPF）对产品能效分级，其能效等级分为 3 级，其中 1 级能效等级最高。

4.2.2 各能效等级实测制热季节性能系数（HSPF）应不小于表 3 的规定。

低环境温度空气源热泵热风机能效等级指标值			表 3
名义制热量(HC) W	制热季节性能系数(HSPF)		
	能效等级		
	1 级	2 级	3 级
HC≤4500	3.40	3.20	3.00
4500<HC≤7100	3.30	3.10	2.90
7100<HC≤14000	3.20	3.00	2.80

问题【5.8】

问题描述：

大于 4Hp 的分体空调、户式多联机空调室外主机参数供电电源标注为 220V，如图 5.8：

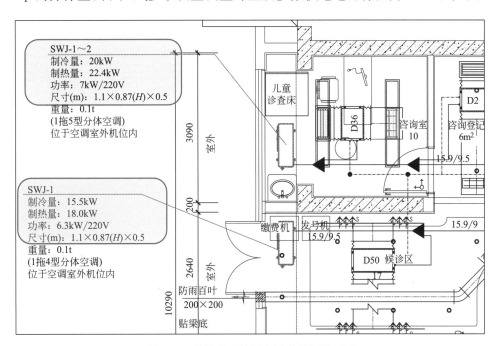

图 5.8 某精装项目侧出风多联机平面图

原因分析：

设计人员缺乏经验，疏忽设备电源参数。

应对措施：

1）熟悉主流空调产品各项规格参数。
2）加强专业内校对，提电气专业配电资料应准确。

问题【5.9】

问题描述：

采暖系统热力入口未设置手动调节阀或旁通管。

原因分析：

设计失误、疏漏。

应对措施：

1）供回管道上应分别设置关断阀、温度计、压力表。

2）应设置过滤器及旁通管。

3）应根据水力平衡要求和建筑物内供暖系统的调节方式，选择水力平衡装置。

4）除多个热力入口设置一块共用热表的情况外，每个热力入口处均应设置热量表，且热表宜设在回水管上。

问题【5.10】

问题描述：

某商业综合体项目制冷机房设置于地下三层左下角端头位置，远离负荷中心区，远离冷却塔放置位置，制冷机房的位置选择不合理，造成末端水管、配电管线敷设过长，增加安装及运营成本，系统设计不经济，如图 5.10 所示：

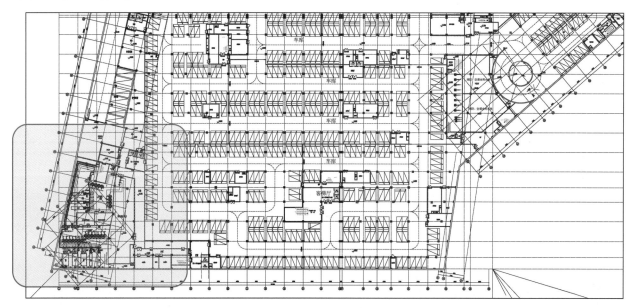

图 5.10　地下室商业防排烟及制冷机房布置

原因分析：

1）设计经验不足，没有全局观念，仅考虑机组安装需要，不能连带考虑输配管线长度、水泵输送能耗、设备配电等因素。

2）通常，冷却塔设置在大商业裙房屋面，制冷机房位置与冷却塔水平距离较远，地下室大管径冷却水管水平敷设，支吊架对结构预埋件施工要求较高；个别项目还可能影响净高使用。

应对措施：

1）根据《民用建筑供暖通风与空气调节设计规范》GB 50736—2012 第 8.10.1 条相关规定：

（1）制冷机房位置宜设在空调负荷中心，以缩短输送管道。机房宜设置在建筑地下室；对于超高层建筑，可设置在设备层或屋顶。

（2）机房宜设置值班室或控制室，控制室观察窗防火等级为甲级。

（3）机房地面和设备基座应采用易于清洗的面层，建议设备四周设置环状排水沟。

（4）机房应考虑预留用于最大设备运输、安装的孔洞及通道。

（5）机房宜设置于屋面冷却塔正下方位置，尽可能避免大管径冷却水管水平敷设。

（6）机房净高应根据冷水机组种类和型号综合考虑。

（7）结合其他设备用房布置，如尽可能靠近配电房，减少电缆敷设距离等。

2）暖通专业设计负责人，应在方案阶段与建筑专业配合，合理设置机房、冷却塔位置，做到建筑美好、机电合理。

问题【5.11】

问题描述：

冷却塔设置位置距离厨房排油烟设备过近，高温气体影响冷却塔散热，如图 5.11 所示：

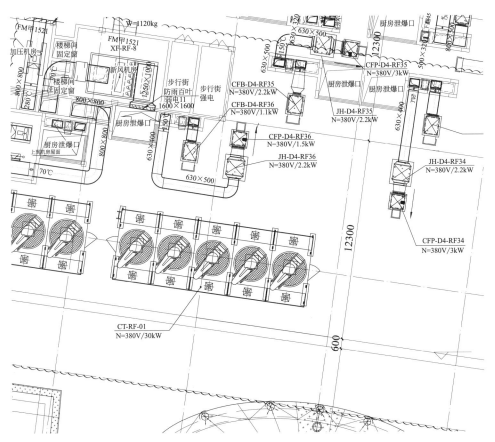

图 5.11　某商场项目裙房屋面空调通风平面图

原因分析：

设计人员不熟悉冷却塔工作原理，或未与土建配合足够的安装空间，导致餐饮排放的高温油烟造成冷却塔进风温度过高，油分子易附着在填料带表面，严重影响冷却塔散热面积及效率。

应对措施：

1）冷却塔应设置在空气流通、进出口无障碍物的场所。当建筑因外观效果需要而设置围挡时，必须保持足够的进风面积，开口净风速应小于2m/s。

2）冷却塔布置应与建筑协调，充分考虑噪声与飘水对周围环境的影响，建议间距不小于10m；贴邻对噪声要求较高的场所设置时（如住宅），应考虑消声及隔振措施。

3）应防止冷却塔进、排风之间形成气流短路。

4）冷却塔不应设置在热源、废气和油烟气排放口附近，若冷却塔在排油烟风口的上风向，则距离不应小于10m，防止进排风短路。

5）冷却塔周边与塔顶应预留检修通道及安装位置。

5

第6章 防排烟系统

6.1 防烟系统

问题【6.1.1】

问题描述：

加压风管横跨大堂出入口，影响泛大堂区域净高，影响项目品质，客户体验感较差（图6.1.1）。

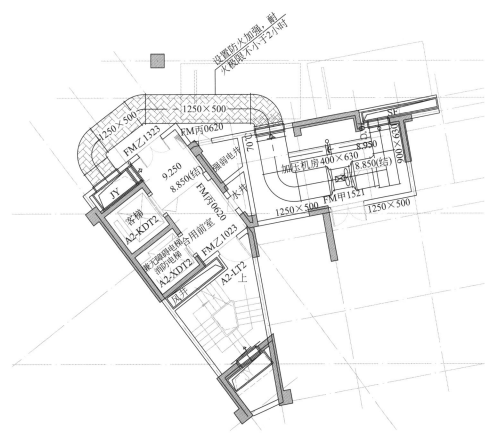

图6.1.1 加压送风管横跨大堂出入口

原因分析：

设计时仅考虑风管接管方便，忽视了对其他专业的影响。大堂出入口是重要的人员通行区域，此处一般为精装吊顶区域。加压风管尺寸一般较大，若在此处穿管会影响吊顶高度。

实际上，这种问题的出现是由于竖井和机房的位置不合理造成的，但竖井和机房位置是由建筑专业确定，所以暖通专业在方案设计时应与建筑专业提前沟通。

应对措施:

在方案设计时,暖通专业与建筑专业协商,合理选择机房位置,尽量避免机房设置在大堂出入口附近。

问题【6.1.2】

问题描述:

加压风机与空调风柜共用机房(图6.1.2)。

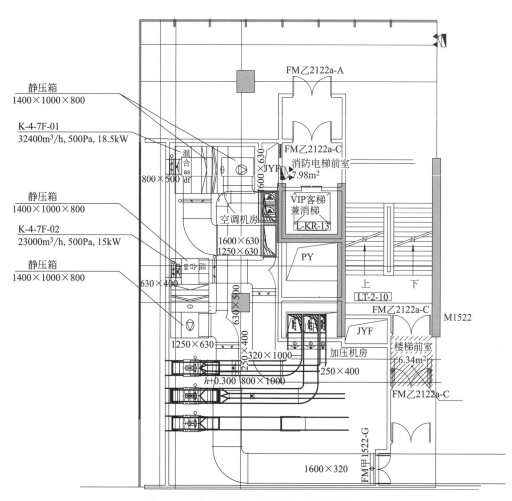

图6.1.2 加压风机与空调风柜共用空调机房

原因分析:

根据《建筑防烟排烟系统技术标准》GB 51251—2017第3.3.5条第5款规定,机械加压送风机应设置在专用机房内。相应的条文解释为:为保证加压送风机不因受风、雨、异物等侵蚀损坏,在火灾时能可靠运行,本标准条文特别规定了送风机应放置在专用机房内。

应对措施:

1) 与建筑配合,增设隔墙及走道分隔机房。

2）若无条件分设机房，需要使空调风柜满足消防要求（不推荐）。

问题【6.1.3】

问题描述：

消防电梯厅加压送风口与消火栓位置冲突（图6.1.3）。

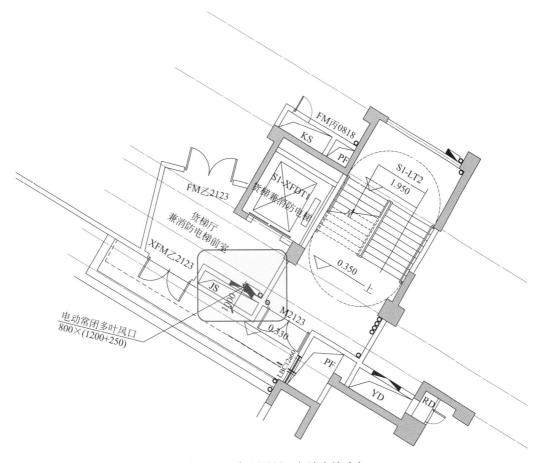

图6.1.3　加压送风口与消火栓冲突

原因分析：

暖通图纸完成之后，未与水专业图纸核对消火栓位置。

应对措施：

注意专业之间的图纸会签，保持各专业之间的一致性，及时提资调整。

问题【6.1.4】

问题描述：

地下封闭楼梯间仅为一层时，首层可开启外窗面积不满足规范要求（指净开启面积），也无直通室外的疏散门，封闭楼梯间未设机械加压送风系统（图6.1.4）。

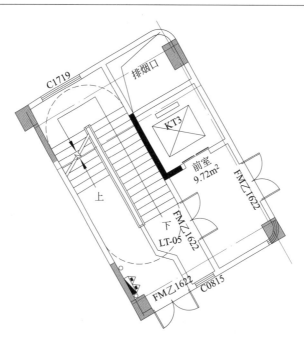

图 6.1.4　为地下室服务的封闭楼梯间

原因分析：

暖通图纸完成之后，未与建筑专业核对可开启外窗面积。

应对措施：

注意专业之间的图纸会签，保持各专业之间的一致性，及时提资调整。

问题【6.1.5】

问题描述：

合用前室加压送风口设置在被门遮挡的位置（图 6.1.5）。

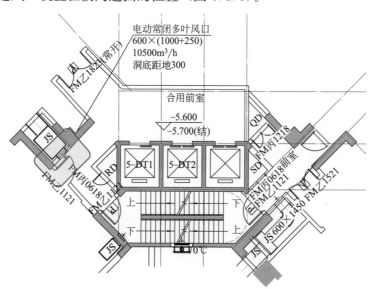

图 6.1.5　合用前室加压送风口设置位置被门遮挡

原因分析：

加压送风口位置不满足《建筑防烟排烟系统技术标准》GB 51251—2017 第 3.3.6 条第 4 款规定：加压送风口不宜设置在被门遮挡的部位。

应对措施：

若平面位置无法调整，可通过调整加压送风口高度解决。

问题【6.1.6】

问题描述：

地下、半地下建筑的封闭楼梯间，服务范围为地下两层时，楼梯间的可开启外窗面积设置为 $1m^2$。

原因分析：

当地下、半地下建筑的封闭楼梯间不与地上共用且地下仅为（服务）一层时，满足《建筑防烟排烟系统技术标准》GB 51251—2017 第 3.1.6 条，可不设机械加压送风系统，但规范未对当地下封闭楼梯间服务范围为地下两层，且底层地坪与室外地坪高差小于 10m 时作出明确说明。

应对措施：

根据《建筑防烟排烟系统技术标准》GB 51251—2017 第 3.2.1 条，当建筑高度大于 10m 时，尚应在楼梯间的外墙上每 5 层内设置总面积不小于 $2.0m^2$ 的可开启外窗或开口，且布置间隔不大于 3 层。参照此条，当地下封闭楼梯间服务范围为地下两层，且底层地坪与室外地坪高差小于 10m 时，楼梯间的外墙上每 5 层内也应设置总面积不小于 $2.0m^2$ 的可开启外窗。

（注：此条是基于现行规范作出的解答）

问题【6.1.7】

问题描述：

公寓高度 51.81m，前室采用自然通风，楼梯间采用机械加压系统。

原因分析：

设计人员按建筑高度小于 100m 的住宅考虑自然通风。

应对措施：

应按《建筑设计防火规范》GB 50016—2014（2018 年版）第 5.1.1 条，表 5.1.1 注 2：宿舍、公寓等非住宅类居住建筑的防火要求，应符合本规范有关公共建筑的规定。

问题【6.1.8】

问题描述：

建筑高度小于 50m 的剪刀楼梯间，每层的前室都是独立设置，是否能参照 2 个独立普通的楼梯

6

间，机械加压按《建筑防烟排烟系统技术标准》GB 51251—2017 第 3.1.5 条第 1 款："建筑高度小于或等于 50m 的公共建筑、工业建筑和建筑高度小于或等于 100m 的住宅建筑，当采用独立前室且其仅有一个门与走道或房间相通时，可仅在楼梯间设置机械加压送风系统；当独立前室有多个门时，楼梯间、独立前室应分别独立设置机械加压送风系统。"（图 6.1.8）

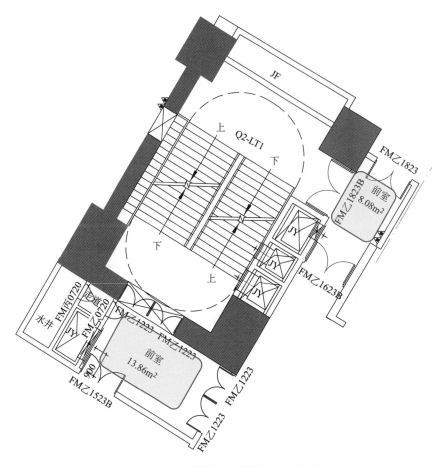

图 6.1.8 剪刀楼梯间加压送风系统设置问题

原因分析：

根据该规范对此条的条文解释，对于剪刀楼梯无论是公共建筑还是住宅建筑，为了保证两部楼梯的加压送风系统不至于在火灾发生时同时失效，其两部楼梯间和前室、合用前室的机械加压送风系统（风机、风道、风口）应分别独立设置，两部楼梯间也要独立设置风机和风道、风口。

应对措施：

如果建筑专业设计是剪刀楼梯间，建议按规范 3.1.5 条第 3 款："当采用剪刀楼梯时，其两个楼梯间及其前室的机械加压送风系统应分别独立设置。"

问题【6.1.9】

问题描述：

加压送风系统用于监测楼梯间、前室压力的传感器或余压阀零压力点接至位置不明确，无走道的位置，可否选择相邻车库作为零压力点。

原因分析：

《建筑防烟排烟系统技术标准》GB 51251—2017 第 5.1.4 条：机械加压送风系统宜设有测压装置及风压调节措施。

应对措施：

1）防烟楼梯间的传感器设置在楼梯间与前室的墙上；前室或合用前室的传感器设置在前室与走道的墙上，当前室（如地下室）直接与车库相邻时，可将车库视为零压力点（图 6.1.9）。

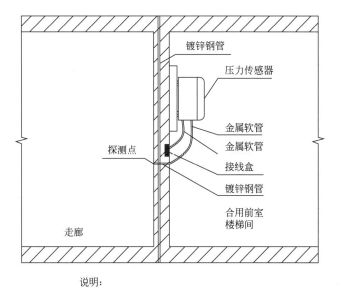

说明：
1. 压力传感器安装高度1.8~2.2m；
2. 安装时，先在墙体上螺钉通过固定墙体或者柱子

图 6.1.9　压力传感器安装示意图

2）消防压力传感器一般安装在 1.8~2.2m，压力测口朝下，方便调试。

3）在管线敷设的时候，信号线和电源线应分开敷设，防止干扰。

4）余压阀设置或安装受限时，建议采用传感器连锁电动阀泄压的措施。

5）部分城市（如上海）认为泄压阀装在防火墙上，不满足 2.00h 的防火要求，故不认可余压阀式泄压。所以，设计在选取泄压措施时应结合当地消防审查的相关要求。

问题【6.1.10】

问题描述：

加压风口设置在前室的顶部，图示的楼梯间不能采用自然通风（图 6.1.10）。

原因分析：

根据《建筑防烟排烟系统技术标准》GB 51251—2017 第 3.1.3 条的第 2 款："当独立前室、共用前室及合用前室的机械加压送风口设置在前室的顶部或正对前室入口的墙面时，楼梯间可采用自然通风系统；当机械加压送风口未设置在前室的顶部或正对前室入口的墙面时，楼梯间应采用机械加压送风系统。"

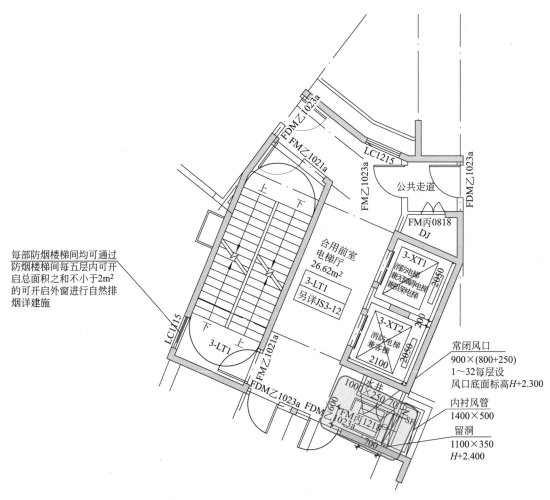

每部防烟楼梯间均可通过防烟楼梯间每五层内可开启总面积之和不小于2m²的可开启外窗进行自然排烟详建施

图 6.1.10 前室加压送风口设置位置

图示做法符合规范，但不能形成有效的阻隔烟气的风幕。

应对措施：

建议设计修改风口位置到前室入口门处。

问题【6.1.11】

问题描述：

楼梯间加压送风口安装于楼梯踏步所在的侧墙面，加压送风口安装标高标注表述不清晰（图6.1.11）。

原因分析：

由于加压送风口横跨几级楼梯踏步，加压送风口安装标高表述为"距离楼梯踏步0.3m"不明确。

应对措施：

应注明加压风口的具体标高，并核对与楼梯踏步是否存在冲突，加压风口的具体标高可以 $H+$

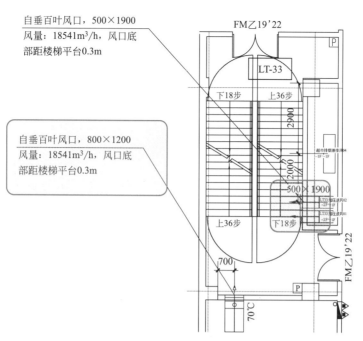

图 6.1.11 楼梯间加压送风口标高不明确

0.030 的形式表示。

6.2 排烟系统

问题【6.2.1】

问题描述：

地下自动扶梯，扶梯厅与扶梯之间用防火卷帘隔开，扶梯厅面积超过 50m²，缺少排烟设计（图 6.2.1）。

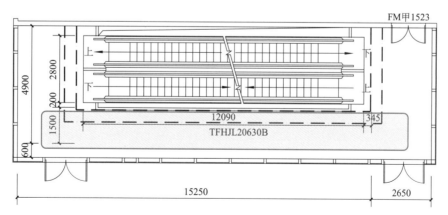

图 6.2.1 扶梯厅平面图

原因分析：

根据"广东省《建筑防烟排烟系统技术标准》GB 51251—2017 问题释疑"中问题 34：自动扶

梯区域从底层至顶层均设独立防烟分隔且无疏散要求，可不设排烟设施。

但扶梯厅为人员活动区域，根据《建筑设计防火规范》GB 50016—2014 第 8.5.4 条：地下或半地下建筑（室）、地上建筑的无窗房间，当总建筑面积大于 200m² 或一个房间建筑面积大于 50m²，且经常有人停留或可燃物较多时，应设置排烟设施。

应对措施：

为超过 50m² 的地下扶梯厅设置排烟系统，并相应增加补风系统。

问题【6.2.2】

问题描述：

利用车道自然补风，车道未设置挡烟垂壁。

原因分析：

根据《建筑防烟排烟系统技术标准》GB 51251—2017 第 4.5.4 条：补风口与排烟口设置在同一防烟分区时，补风口应设置在储烟仓下沿以下。

应对措施：

利用车道作为自然补风口的防火分区，应在车道上设置挡烟垂壁，挡烟垂壁高度与车道所在的防烟分区的设计储烟仓高度一致。

问题【6.2.3】

问题描述：

增加充电设施的区域，排烟系统风管的耐火极限未特别说明为 2h，不满足广东省标准《电动汽车充电基础设施建设技术规程》DBJ/T 15—150—2018 第 4.9.13 条要求。

原因分析：

根据《建筑防烟排烟系统技术标准》GB 51251—2017 第 4.4.8 条第 4 款规定：汽车库的排烟管道耐火极限可不低于 0.50h；根据广东省标准《电动汽车充电基础设施建设技术规程》DBJ/T 15—150—2018 第 4.9.13 条：增加充电设施的区域，排烟系统的主风管及穿越防火单元的风管，其耐火极限不应小于 2.00h。

应对措施：

广东省项目，应在设计说明中对有充电设施区域的风管耐火极限单独作出说明不低于 2.0h。

问题【6.2.4】

问题描述：

地下车库汽车坡道排烟口距离该防烟分区最远点超过 30m（图 6.2.4）。

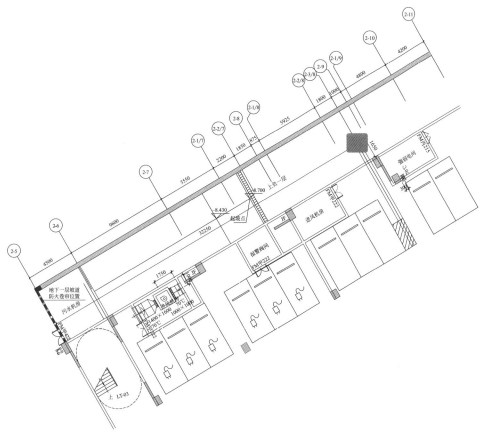

图 6.2.4　车库坡道排烟口

原因分析：

不满足《建筑防烟排烟系统技术标准》GB 51251—2017 第 4.4.12 条规定。汽车坡道属于容易忽视的区域，设计时需关注。

应对措施：

增加车库坡道上排烟口。

问题【6.2.5】

问题描述：

充电车位区域各防火单元通风支管未设电动排烟防火阀（图 6.2.5）。

原因分析：

根据广东省标准《电动汽车充电基础设施建设技术规程》DBJ/T 15—150—2018 第 4.9.13 条条文解释，每个防火单元独立的干管上应设电动排烟防火阀。

应对措施：

将普通 280℃ 防火阀改为 280℃ 电动排烟防火阀。

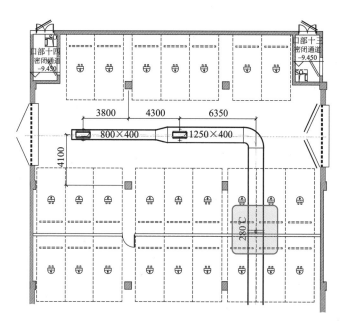

图 6.2.5 充电桩车库穿防火单元处排烟支管未设电动防火阀

问题【6.2.6】

问题描述：

地下室风井处首层补风百叶和排烟百叶间距离小于 20m（图 6.2.6）。

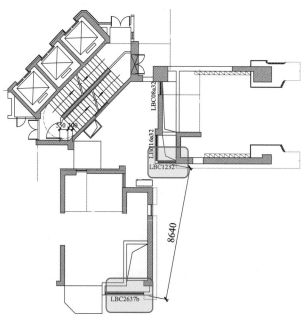

图 6.2.6 补风和排烟百叶距离不满足规范要求

原因分析：

不满足《建筑防烟排烟系统技术标准》GB 51251—2017 第 3.3.5 条第 3 款规定。设计完成后暖通专业未与建筑专业核对百叶距离。

应对措施:

若风井位置确实无法调整,应将其中一个百叶调整至不同朝向。

问题描述:

排烟机房内设置加压送风管,存在消防安全隐患(图 6.2.7)。

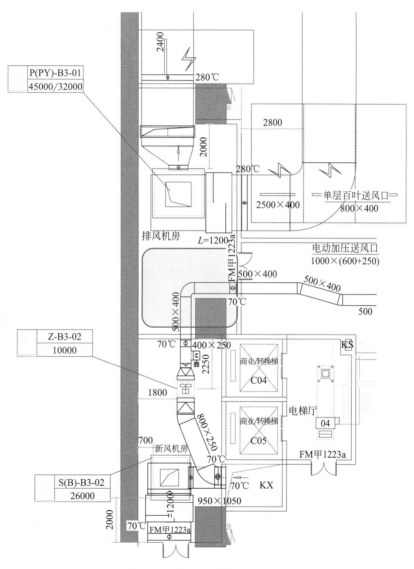

图 6.2.7 加压风管穿越排烟机房

原因分析:

不满足《建筑防烟排烟系统技术标准》GB 51251—2017 第 4.4.5 条第 2 款规定。

应对措施:

修改加压风管位置或增加机房内隔墙。

问题【6.2.8】

问题描述：

地下车库排烟口距离疏散楼梯间安全出口距离小于 1.5m（图 6.2.8）。

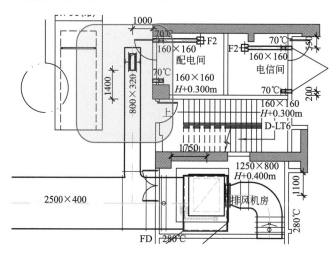

图 6.2.8 排烟口距离安全出口距离不满足规范要求

原因分析：

不满足《建筑防烟排烟系统技术标准》GB 51251—2017 第 4.4.12 条第 5 款规定。

应对措施：

修改排烟口位置。

问题【6.2.9】

问题描述：

首层地下车库处，地面风井排烟百叶距离疏散楼梯间门窗距离小于 2m（图 6.2.9）。

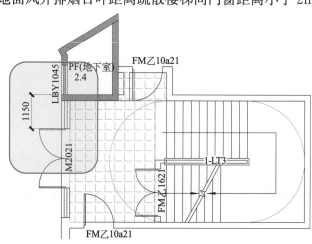

图 6.2.9 风井上排烟百叶距离疏散楼梯间门窗距离不满足规范要求

原因分析：

不满足《建筑设计防火规范》GB 50016—2014（2018 年版）第 6.1.3 条规定：建筑外墙为不燃性墙体时，防火墙可不凸出墙的外表面，紧靠防火墙两侧的门、窗、洞口之间最近边缘的水平距离不应小于 2.0m。

应对措施：

建筑专业调整疏散楼梯门的位置使距离满足规范要求。

问题【6.2.10】

问题描述：

裙房为商业，塔楼为住宅的综合体自然通风的高度界定不明。

原因分析：

对规范理解不深，对建筑概况分析不细。

应对措施：

塔楼同裙房应分别独立设置安全出口和疏散楼梯。见《建筑设计防火规范》GB 50016—2014（2018 年版）5.4.10.3 条。裙房为公建，塔楼为住宅分别按各自标准判定自然通风。塔楼的建筑高度不大于 100m，楼梯间、前室、合用前室（不包括三合一前室）应设自然通风，无条件应设机械加压送风；建筑高度大于 100m 应设机械加压送风。

塔楼的建筑高度应从地面到塔楼屋面计算，不应从裙房屋面计算，高度不包括电梯机房高度。

问题【6.2.11】

问题描述：

地上建筑面积大于 500m² 的房间采用自然排烟时，未设置补风设施（图 6.2.11）。

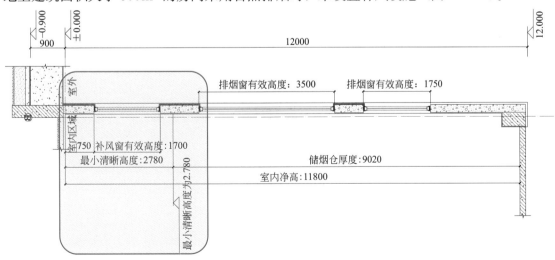

图 6.2.11　采用自然排烟的地上房间未设补风设施

原因分析：

设计人员仅考虑了自然排烟满足规范要求，未考虑规范要求的补风要求。

应对措施：

与建筑专业协调，在储烟仓以下设置满足自然补风有效面积要求的可开启外窗。

问题【6.2.12】

问题描述：

办公塔楼一次设计能满足自然排烟要求，因此未留竖向排烟井，导致二次设计因装修隔墙改变，有内房间需要机械排烟时，由于各层承租商不同，无法增设竖向排烟井至避难层，因此只能在各层办公区域增加排烟机房和排烟百叶，导致大量占用办公区域和大量增加消防用电，且新增的排烟百叶影响外立面的美观。

原因分析：

设计院大都只用做一次设计，未能考虑对二次装修设计的影响。原则上，二次装修应该在原设计基础上进行，不应改变消防设施。

应对措施：

办公塔楼一次设计即便能满足自然排烟要求，仍建议预留竖向的排烟井通至各避难层和屋面。

问题【6.2.13】

问题描述：

对于两层通过敞开楼梯连通的商铺，上下两层为同一个防火分区，且两层商铺建筑高度超过6m，商铺面积两层相加超过100m²，是否应该按高大空间考虑自然排烟或机械排烟（图6.2.13-1、图6.2.13-2）。

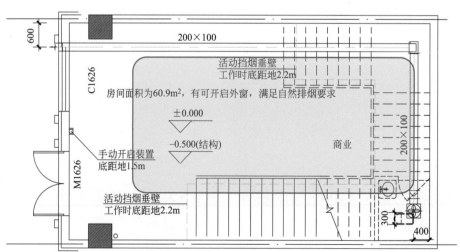

图 6.2.13-1 两层连通商铺的排烟问题（一）

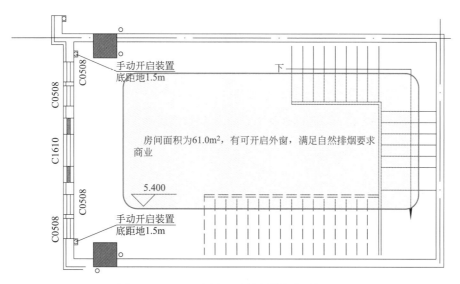

图 6.2.13-2　两层连通商铺的排烟问题（二）

原因分析：

　　沿街商铺一般通过敞开楼梯作为平时竖向交通通道和消防时疏散通道，敞开楼梯部分高度是两层通高，建筑高度往往超过 6m。若定性为高大空间，需按《建筑防烟排烟系统技术标准》GB 51251—2017 第 4.6.6～4.6.13 条规定计算且与表格 4.6.3 比较，选大值设计机械排烟或自然排烟。而无论是采用开窗设计自然排烟或者设计机械排烟系统，对于沿街小商铺都会显得很困难，一方面是开窗面积跟开窗高度无法满足要求，另一方面则是采用机械排烟时，需要设置排烟机房，会增加公摊面积，减少商铺使用面积。

应对措施：

　　该情况下的商铺，上下两层为同一个防火分区，在一层与二层连通部分按一层层高设计清晰高度并设置挡烟垂壁，将一层与二层划分为两个防烟分区，即可按两个防烟分区分别考虑排烟设施，并要求建筑二层商铺面积不超过 100m²，这样通高部分防烟分区面积不超 100m²，按《建筑设计防火规范》GB 50016—2014 第 8.5.4 条，对于面积大于 50m² 不大于 100m² 的房间，设置开窗即可满足排烟要求。

问题【6.2.14】

问题描述：

　　防烟楼梯间前室、合用前室的加压送风系统设置错误，没有按避难段设置。认为防烟楼梯间前室、合用前室的加压送风系统只需要满足高度不超过 100m 即可，不需要按避难段设置。

原因分析：

　　对规范理解不透彻。防烟楼梯间前室设置加压送风系统的主要目的是保护防烟楼梯间，《建筑防烟排烟系统技术标准》GB 51251—2017 第 3.3.1 条规定：建筑高度大于 100m 的建筑，其机械加压送风系统应竖向分段独立设置，且每段高度不应超过 100m。参考《建筑防烟排烟系统技术标准》GB 51251—2017 第 5.1.3 条，"火灾时应开启着火层及其相邻上下层前室的常闭送风口"的规定，

6

假设避难层火灾时，对于向上的防烟楼梯间前室应该开启避难层及相邻避难层上两层的加压送风口，对于向下的防烟楼梯间前室应该开启避难层及相邻避难层下两层的加压送风口。因此前室的加压送风系统应该和防烟楼梯间对应，按避难段设置。这样做才符合逻辑。

应对措施：

前室的加压送风系统应该和防烟楼梯间对应，按避难段设置。

问题【6.2.15】

问题描述：

上下两层贯通，空间高度 12m 的艺术旋转楼梯（不用做人员疏散），未设置排烟设施（图 6.2.15）。

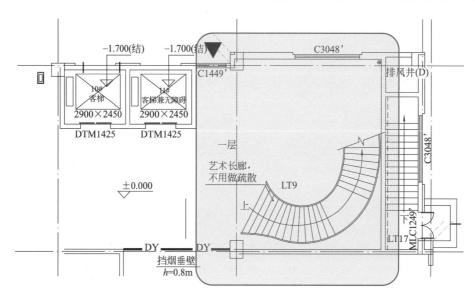

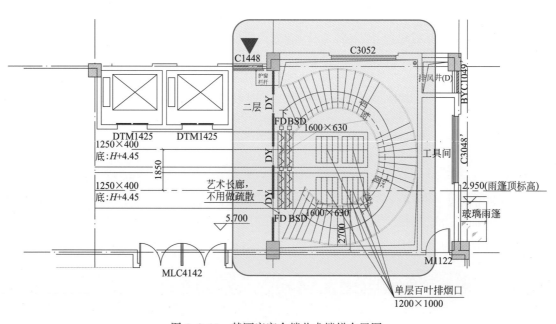

图 6.2.15　某酒店宴会楼艺术楼梯布置图

原因分析：

设计人员对防烟分区及人员疏散概念不清晰。

应对措施：

1）配合土建专业，设置缓降防火卷帘，将该区域设计成独立房间。若面积不超 100m²，可不设置排烟设施；面积超 100m²，按高大空间设置排烟设施。

2）若出于土建功能或效果需求，不便设置物理分隔时，可于楼梯投影区域内上下层分别设置挡烟垂壁，将旋转楼梯区域划分为独立防烟分区，按中庭设置排烟系统。

问题【6.2.16】

问题描述：

对于加压送风系统的取风口与机械排烟系统的排烟口间距，规范只要求同侧大于 20m，竖向 6m；常见设计中仅错开朝向但间距较近，存在消防安全隐患，如图 6.2.16 所示：

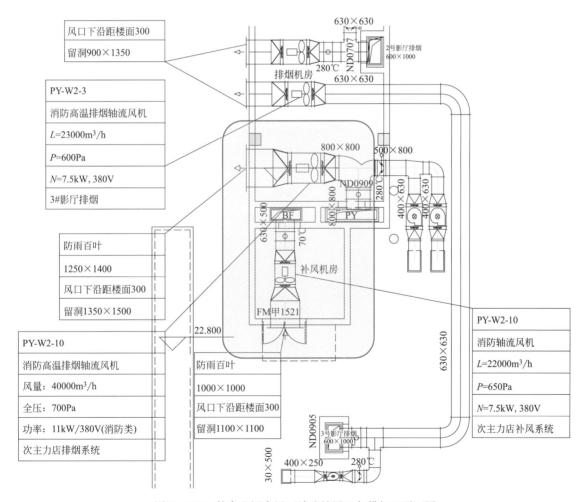

图 6.2.16　某商业裙房屋面消防补风口与排烟口平面图

原因分析：

设计人员仅重视规范字眼，未考虑消防安全问题。

应对措施：

1）送风机的进风口不应与排烟风机的出风口设在同一面上。当确有困难时，送风机的进风口与排烟风机的出风口应分开布置，且竖向布置时，送风机的进风口应设置在排烟出口的下方，其两者边缘最小垂直距离不应小于 6.0m；水平布置时，两者边缘最小水平距离不应小于 20.0m。

2）为消防安全考虑，消防进风口与排烟口水平距离无法满足时，排烟口在上，进风口在下，高低位错开布置。

问题【6.2.17】

问题描述：

《建筑防烟排烟系统技术标准》GB 51251—2017 第 4.5.1 条，"除地上建筑的走道或建筑面积小于 500m² 的房间外，设置排烟系统的场所应设置补风系统"应如何理解？地下 100m² 的房间设置排烟系统，是否要设补风？

原因分析：

此条文断句应从"的"开始，即应理解为"除地上建筑的走道、除地上建筑的建筑面积小于 500m² 的房间外，设置排烟系统的场所应设置补风系统"。

应对措施：

地下 100m² 设置排烟系统的房间，需要设补风。

问题【6.2.18】

问题描述：

超高层办公建筑设置机械加压送风系统的避难层，未设置可开启外窗（图 6.2.18）。

原因分析：

不满足《建筑防烟排烟系统技术标准》GB 51251—2017 第 3.3.12 条规定：设置机械加压送风系统的避难层（间），尚应在外墙设置可开启外窗，其有效面积不应小于该避难层（间）地面面积的 1%。

应对措施：

提资建筑专业设置可开启外窗，可开启外窗有效面积不小于该避难层地面面积的 1%。

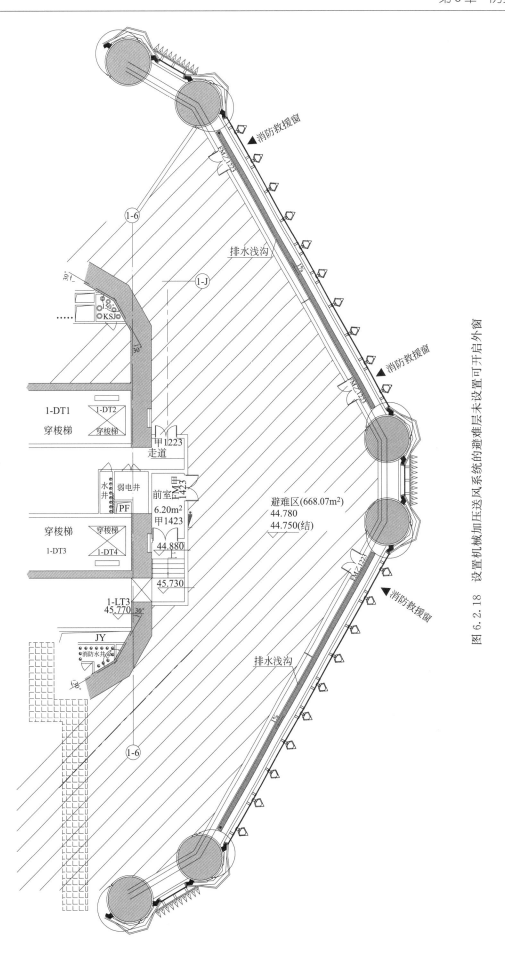

图 6.2.18　设置机械加压送风系统的避难层未设置可开启外窗

问题【6.2.19】

问题描述：

建筑高度超过 250m 的办公建筑避难层风管接风井处耐火极限 1.50h 有误（图 6.2.19）。

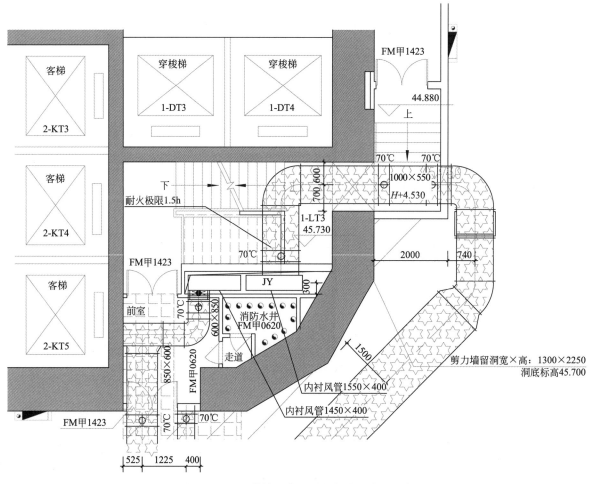

图 6.2.19　风管接风井处耐火极限不满足要求

原因分析：

根据公安部消防局下发《建筑高度大于 250 米民用建筑防火设计加强性技术要求（试行）》的通知第二条：电缆井、管道井等竖井井壁的耐火极限不应低于 2.00h。

应对措施：

平面图中应分别标注风管接风井处 2m 范围内和 2m 范围外的风管防火包裹的耐火极限 2.00h。

问题【6.2.20】

问题描述：

设置充电桩车库的防火单元未考虑补风系统（图 6.2.20）。

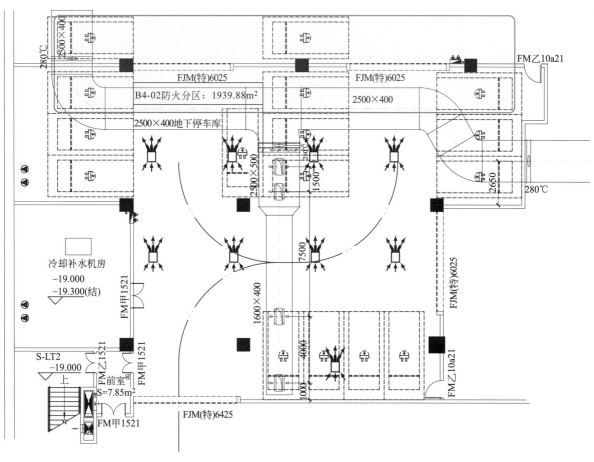

图 6.2.20　充电桩车库防火单元未设置补风系统

原因分析：

　　每个防火单元采用耐火极限不小于 2.00h 的防火隔墙或乙级防火门等防火分隔设施与其他防火单元和汽车库其他部位分隔。火灾发生时，该防火单元内的排烟系统在排烟时同样需要进行补风。

应对措施：

　　在防火单元的隔墙上设置带防火阀的补风短管，利用此防火单元所在防火分区内的补风系统进行自然补风。

问题【6.2.21】

问题描述：

　　水平布置的机械排烟系统跨越防火分区设置（图 6.2.21）。

原因分析：

　　不满足《建筑防烟排烟系统技术标准》GB 51251—2017 第 4.4.1 条规定：当建筑的机械排烟系统沿水平方向布置时，每个防火分区的机械排烟系统应独立设置。

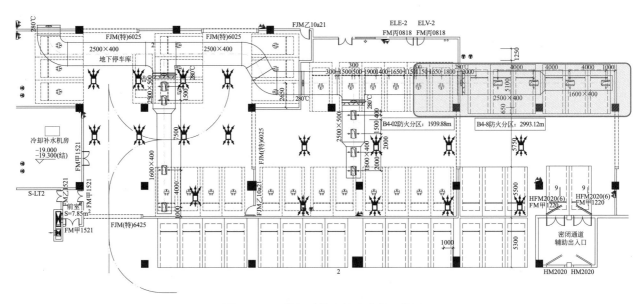

图 6.2.21 排烟系统跨越防火分区设置

应对措施：

根据建筑防火分区的划分，调整排烟系统，使每个防火分区水平布置的机械排烟系统独立设置。若排烟系统竖向布置，可以不受此条限制。

6

第 7 章　检测与监控

问题【7.1】

问题描述:

某项目为一次泵变流量系统,设计仅给出冷源水系统原理图,未给出控制说明以及自控原理图,导致概算漏项,且施工单位缺少调试依据。

原因分析:

暖通专业缺少对自控的基础了解,自控专业又不了解暖通的控制需求,导致暖通专业冷源,甚至空调末端的自控经常漏项。

应对措施:

暖通专业需要按照系统的控制目标要求,提出控制策略和控制点表,准确给弱电专业提控制条件,并确认核对。

问题【7.2】

问题描述:

某实验大楼既有生物类实验室又有理化类实验室,既有Ⅱ级 A2 型生物安全柜又有通风柜,设计时生物安全柜和通风柜采用同一排风机,通风柜末端采用变风量文丘里阀,生物安全柜末端采用变风量蝶阀控制(图 7.2)。

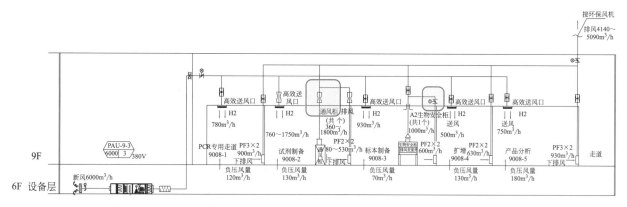

图 7.2　通风柜末端采用变风量文丘里阀,生物安全柜末端采用变风量蝶阀控制

原因分析:

系统设计看似没有问题,实际上生物安全柜内部有风机,而通风柜完全需要外部动力排风,两者的末端阻力不同,并且文丘里阀和蝶阀应对外部扰动的响应时间也不相同,所以二者如果接入同

一排风系统，调试和运行会出现问题。

应对措施：

将两个设备分别设置在两个排风系统内，避免相互影响。

问题【7.3】

问题描述：

区域供冷采用外融冰开式系统，冰池参与供冷的时刻需要冰池内的冷水和上游冷水混合后供到外网，旁通管路设置蝶阀调节混水流量。出水温度波动较大，无法稳定达到设计温度（图7.3）。

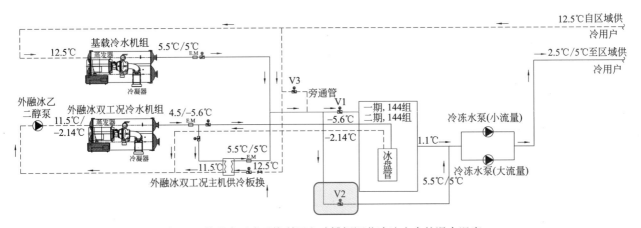

图 7.3 外融冰开式系统利用电动蝶阀调节冰池出水的混水温度

原因分析：

蝶阀为等百分比的调节特性，无法较为精确的调节流量，导致混合流量偏大或偏小，无法达到设计值。

应对措施：

采用大小阀门并联的方案，小流量时调节小阀门，大流量时调节大阀门，两个阀门联合工作，确保流量在调节时接近设计值。具体需要根据设计的流量进行阀门选型计算。

问题【7.4】

问题描述：

共用集管系统形式的一次泵变流量系统中，水流开关和流量计采用同一图例（图7.4）。

原因分析：

此处设计人员应该明确水流开关和流量传感器的作用，每个支路的水流开关是根据流量对冷机进行启停控制，干管上的流量传感器是在水泵无法进一步减少频率时，调节分集水器处的压差调节

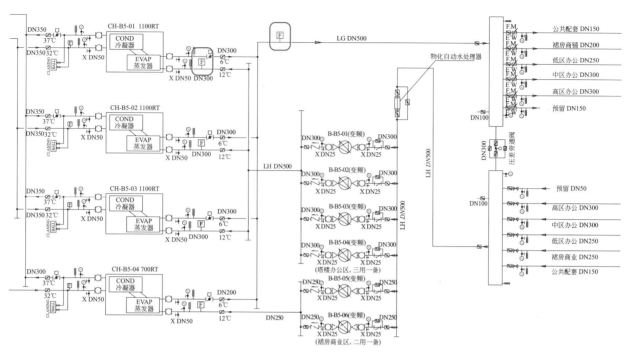

图 7.4　一次泵变流量系统中水流开关和流量计混淆

阀进行流量控制，保证通过主机蒸发器流量大于主机的最小流量。

应对措施：

流量计和水流开关分别设置图例，并且做必要的控制逻辑说明。

问题【7.5】

问题描述：

某项目为一次泵变流量系统，系统图中分集水器处的压差调节阀和压力传感器连锁（图 7.5-1）。

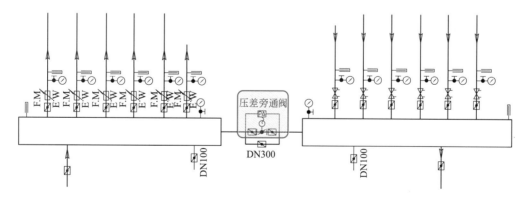

图 7.5-1　一次泵变流量系统中分集水器压差传感器和电动旁通阀连锁

原因分析：

一次泵定流量系统中，冷冻水泵不变频，主要通过分集水器处的压差旁通阀调节外部管网的流量，所以压差旁通阀和分集水器处的压力传感器连锁。一次泵变流量系统中，冷冻水泵根据分集水器处的压差传感器（压差传感器也可设置在最不利环路区域）变频，当冷冻水泵不能进一步减小频率，冷冻水量又需要进一步减小，且流量小于单台机组的最小流量时，压差旁通阀根据冷源供水总管上的流量传感器动作。设计人员画图时需要了解不同系统形式的控制策略。

应对措施：

将压差传感器和压差旁通阀的连锁取消，压差传感器应连锁至冷冻水泵，总管的流量传感器连锁至压差旁通阀（图 7.5-2）。

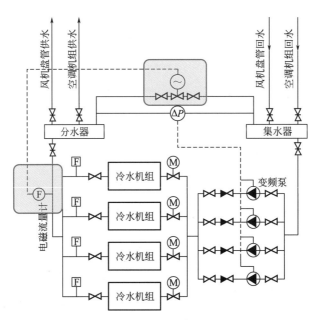

图 7.5-2　一次泵变流量系统冷冻水泵和电动旁通阀控制原理

问题【7.6】

问题描述：

某项目楼层冷冻水采用静态平衡阀＋自力式压差控制阀作为水力平衡的调节手段，设计时静态平衡阀设在回水管、自力式压差控制阀设在供水管。导致运行时平衡阀组无法起到应有的作用（图 7.6）。

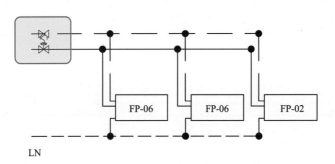

图 7.6　静态平衡阀和自力式压差控制阀供回水接管接反

原因分析：

对平衡阀的工作原理和所起作用不熟悉。如果楼层仅采用静态平衡阀作为平衡手段，则将平衡阀设在回水管，如果采用"静态＋压差"的方式，则静态平衡阀主要起到初调和测量压差的作用，系统运行时由压差控制阀调节水力平衡，压差控制阀需设置在回水管。

应对措施：

将供回水上的阀门调换位置，并熟悉水力平衡的措施。

问题【7.7】

问题描述：

在水系统设计中，大部分项目在调节阀处仅标注水管管径，并未交代调节阀的选型尺寸。设备采购时往往直接按照管径采购调节阀，导致调节阀选型偏大。

原因分析：

对调节阀的选型和特性了解较少，通常认为调节阀管径和水管管径一致即可，实际上调节阀需要根据被调节的对象（表冷器、水水换热器以及汽水换热器等）以及阀门两端的压差、管路的流量等情况进行设计计算，最终得到合理的设计选型。

应对措施：

在初设阶段可以参考《暖通技术措施》第 270 页原表 11.3.3 进行估算，施工图设计阶段可以找相关厂家进行选型。并在设计说明或图纸的适当位置加以说明。

管径	C_v	K_v	工作压差 ΔP_V							电动二通调节阀口径估算 (mm) 表 11.3.3
			10kPa	20kPa	40kPa	100kPa	200kPa	300kPa	400kPa
			G_v——阀门流量/(m^3/h)						
15	1	1	0.3	0.4	0.6	1.0	1.4	1.7	2.0
20	7	6	2.0	2.8	4.0	6.3	8.9	10.9	12.6
25	12	10	3.2	4.5	6.3	10.0	14.2	17.3	20.0
32	19	16	5.1	7.2	10.1	16.0	22.6	27.7	32.0
40	29	25	7.9	11.2	15.8	25.0	35.4	43.3	50.0
50	47	40	12.7	17.9	25.3	40.0	56.6	69.3	80.1
65	74	63	19.9	28.2	39.9	63.0	89.2	109.2	126.1
80	117	100	31.6	44.8	63.3	100.1	141.5	173.3	200.1
100	169	145	45.9	64.9	91.8	145.1	205.2	251.3	290.2
125	257	220	69.6	98.5	139.2	220.2	311.4	381.3	440.3
150	373	320	101.3	143.2	202.5	320.2	452.9	554.7	640.5
200	525	437.5	138.4	195.8	276.9	437.8	619.2	758.3	875.6

注：1. 本表根据相关产品技术资料整理。
　　2. C_v 值为采用英制单位计算出的阀门流通能力，$C_v=1.167K_v$。

问题【7.8】

问题描述：

排烟风机主风管设置的280℃防火阀并未和风管上其他位置的280℃防火阀区分，也没有和电气专业提相关条件特殊说明。导致电气专业没有按照此防火阀连锁排烟风机和补风机关闭进行设计（图7.8）。

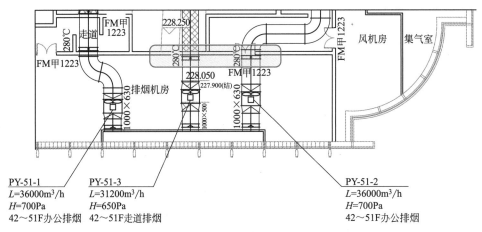

图7.8　排烟风机主风管280℃防火阀未特殊说明

原因分析：

根据《建筑防烟排烟技术标准》GB 51251—2017第5.2.2条第5款要求，此防火阀需要和排烟及补风风机连锁，控制风机关闭，并且此条为强制条文。由于此条在系统控制章节，有些工作不久又没有接触过旧规的设计人员可能会遗漏这部分设计内容。

应对措施：

暖通消防的设计说明中明确写出这条，并且在互提条件时提醒弱电专业注意。

问题【7.9】

问题描述：

外融冰蓄冷项目中，一台双工况主机对应了若干组蓄冰盘管，仅在蓄冷主机的主管上设置了一个电动开关阀，用于蓄冰结束时切断主机和冰盘管。由于各组盘管蓄冰结束时间不一致，导致这台主机所带的大部分冰盘管蓄冰不充分。

原因分析：

电动开关阀的分组需要根据冰厚度传感器的分组对应设置，当冰厚度传感器检测到此组盘管蓄冰完成时，仅关闭其对应的电动开关阀，待其余盘管全部蓄冰完成后，再关闭总管上的阀门。

应对措施：

电动开关阀和冰厚度传感器应一一对应设置。

第8章 消声隔振

问题【8.1】

问题描述:

办公建筑 VAV 系统空调机房临近办公区域,出机房的送排风主管道未设消声器,仅设置消声静压箱,导致空调机房内风柜噪声传到办公区域,影响工作人员正常办公(图 8.1)。

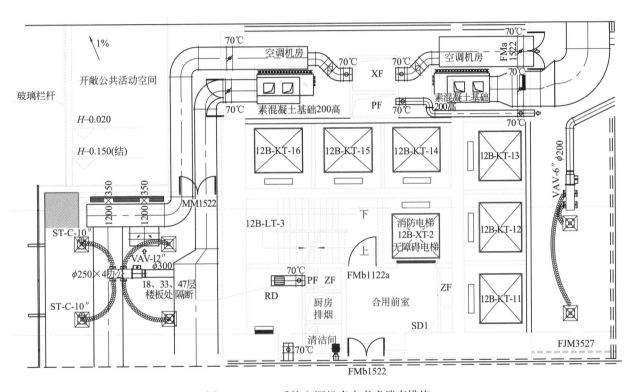

图 8.1　VAV 系统空调机房未考虑消声措施

原因分析:

虽然在风柜进出风口设置了消声静压箱,但是机房内的噪声仍然可以通过风管进行传播,并且设计回风管道并未通过连通管吊顶回风,而是直接进入办公区域,故噪声较大。

应对措施:

送排风均设置消声器,且消声器位置紧贴机房外墙,使机房内噪声均经过消声处理。同时可以设置回风消声小室,小室外设置回风百叶门。回风小室的作用有两个,一个是可以进一步地隔绝机房内的噪声,另外一个是不采用吊顶内回风,让回风经过走道后通过百叶门进入回风口,兼作内走道的空调。

问题【8.2】

问题描述：

冷却塔设置在裙房屋顶，未做消声措施，距离最近住宅塔楼不到 10m，噪声较大，遭到居民投诉（图 8.2）。

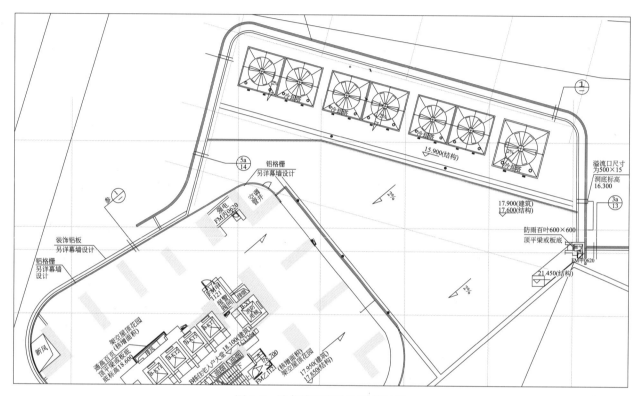

图 8.2 冷却塔距离住宅塔楼过近

原因分析：

建筑为保证屋顶花园空间的完整，将冷却塔位置安排在了西北角，距离塔楼较近，又没有做消声处理，冷却塔风机的噪声向上传播，对临近塔楼的大多数用户产生影响。

应对措施：

对于有空中花园的商业居住综合体，冷却塔如果条件允许尽量设在塔楼屋顶，如果一定要设置在裙房，需要在进排风口设置消声器，或消声弯头，此项目最终向道路方向设置消声弯头，解决了此问题。

问题【8.3】

问题描述：

商业的排油烟风机、组合式空调机组、冷却塔等设备设置在了塔楼屋顶，运行时振动对顶层用户产生了影响。

原因分析：

排油烟风机风量和压头均较大，运行时有较大振动，如果不做隔振处理，振动通过楼板和结构柱可以向下传递一定的距离。

应对措施：

可以在风机和冷却塔等设备基础下方局部做浮筑地板，或在顶层楼板之上做 600mm 左右的空腔，减少振动的传播，同时采用减振弹簧及其他相关措施（图 8.3）。

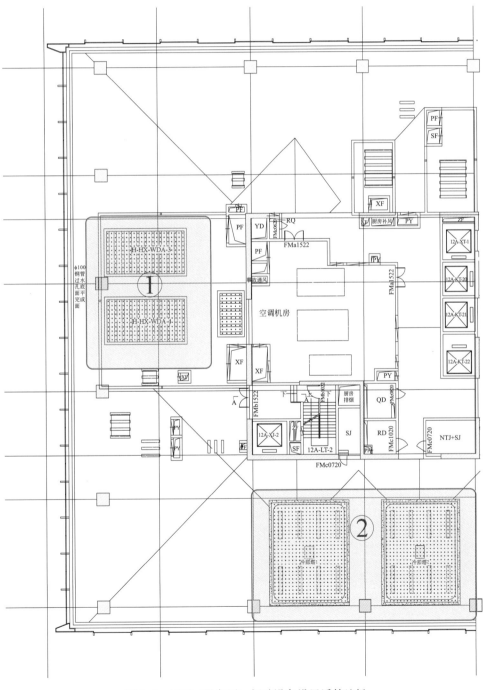

图 8.3 屋顶（设备层）振动设备设置浮筑地板

8

问题【8.4】

问题描述：

制冷站位于地下一层，运行时一层地面有振动，并且机房外噪声较大。

原因分析：

机房内未采取噪声控制的措施，并且吊装管道未做减振措施。

应对措施：

在机房的墙壁和顶棚增加消声棉和穿孔铝板，管道安装采用减振支吊架，并且支吊架尽量设在梁上，不设在板上；或管道做龙门架，并在机房内做浮筑地板。

8

第 9 章　绝热与防腐

问题【9.1】

问题描述：

暖通设计说明中对空调风管、空调水管所采用的保温材料阐述得不清楚，导致现场施工时保温（冷）材料的选用与安装不够规范，最终导致运行时影响保温效果。

原因分析：

设计人员对保温材料的分类，以及对不同类型的保温材料所适用的场合、相关的防火要求阐述不够清晰。

应对措施：

绝热材料按其化学性质可分为有机和无机材料两大类。

通风与空调工程中常用的无机类绝热材料有岩棉、玻璃棉；常用有机类绝热材料有柔性橡塑发泡材料。

根据《建筑材料及制品燃烧性能分级》GB 8624—2012 绝热材料可分为不燃材料（A级）和非不燃材料（难燃 B1 级、可燃 B2 级、易燃 B3 级）。其中岩棉与玻璃棉为不燃 A 级材料，柔性橡塑发泡材料为难燃 B1 级材料。

根据《民用建筑供暖通风与空气调节设计规范》GB 50736—2012 的第 11.7.3 条中的第 6 款：保冷材料应选择热导率小、吸湿率低、吸水率小、密度小、耐低温性能好、易于施工、造价低、综合经济效益高的材料；优先选用闭孔型材料和对异形部位保冷简便的材料。

根据《建筑设计防火规范》GB 50016—2014 中的第 9.3.15 条：设备和风管的绝热材料、用于加湿器的加湿材料、消声材料及其黏结剂，宜采用不燃材料，确有困难时，可采用难燃材料。

综上所述：

1）从保证保冷与阻湿效果的角度来考虑，建议空调风管采用难燃型发泡闭孔橡塑保温材料并外包铝箔，若采用开孔结构的玻璃棉材料，应在玻璃棉材料的外表面设置铝箔结构层，以起到隔气阻湿的作用。

对于空调冷冻水管，由于空调水管温度更低，建议采用闭孔、阻湿性能更好的难燃型发泡闭孔橡塑保温材料。且无论玻璃棉还是橡塑，绝热材料外表面需带有铝箔结构层，以进一步保证绝热材料隔绝空气中的水汽，从而起到进一步保证绝热材料的性能、延长使用寿命的作用。

2）从需要保冷（温）/隔热的介质温度来区分 65℃ 以下的介质（如低温空调热水）可采用橡塑材料进行保冷；65～230℃ 范围内的介质（如油烟）应采用离心玻璃棉作为隔热介质；230℃ 以上的介质（如柴油发电机尾气管）应采用耐高温能力更强的岩棉作为隔热材料。

3）从防火的角度考虑，一般的民用建筑可以采用橡塑作为保冷（温）材料；而地铁、车站等消防要求较高的场所，则必须采用 A 级不燃材料，如玻璃棉、岩棉等。

9

问题【9.2】

问题描述：

提供给给水排水专业的冷凝水立管及装修吊顶内的水平管道资料没有设计绝热层，造成冷凝水立管在管井内或装修包裹内结露，严重影响了环境品质。

原因分析：

设计人员在给水排水专业提供冷凝水条件资料的时候，往往遗漏了提醒水专业设计人员冷凝水立管需要增设绝热层。

应对措施：

应根据设计手册上的防结露要求，提醒给水排水专业同事在冷凝水立管上增设绝热层，如图 9.1.2 所示。空调冷凝水管道宜采用柔性泡沫橡塑保冷，最小绝热厚度应符合表 9.2 的规定。

空调冷凝水管防结露最小绝热层厚度/mm
表 9.2

位置	材料	
	柔性泡沫橡胶管套	离心玻璃棉管壳
在空调房吊顶内	9	10
在非空调房间内	13	15

问题【9.3】

问题描述：

排油烟管经过有吊顶的房间或者厨房内设置了吊顶时，排油烟管未设置绝热层，违反了《建筑设计防火规范》GB 50016—2014 中第 9.3.10 条的要求：排除和输送温度超过 80℃的空气或其他气体以及易燃碎屑的管道，与可燃或难燃物体之间的间隙不应小于 150mm，或采用厚度不小于 50mm 的不燃材料隔热；当管道上下布置时，表面温度较高者应布置在上面。

原因分析：

排油烟风管设置绝热材料的位置往往是设计师较少关注的要点，以致设计时遗漏说明，从而导致现场遗漏安装。

应对措施：

《建筑设计防火规范》GB 50016—2014 的 9.3.10 条文说明：温度超过 80℃的气体管道与可燃或难燃物体长期接触，易引起火灾；容易起火的碎屑也可能在管道内发生火灾，并易引燃邻近的可燃、难燃物体。因此，要求与可燃、难燃物体之间保持一定间隙或应用导热性差的不燃隔热材料进行隔热。

而吊顶内往往存在一定可燃或难燃物体（如橡塑保温材料），故排油烟风管经过吊顶时必须安装隔热层。由上文"问题 9.1"中的分析与总结可得，鉴于排油烟风管内介质的温度范围，隔热层应选用如离心玻璃棉为材料，导热系数不大于 0.032W/（m²·K），保温层厚度 50mm。

9

问题【9.4】

问题描述:

贴邻人员经常停留的房间外墙的排油烟土建管井内的排油烟立管没有设置隔热层,导致当排油烟管长期使用后,该房间外墙温度升高,影响房间内人员的舒适感。

原因分析:

设计师往往认为除空调送风管道以外的风管安装于土建管井内时,由于周围无可燃物质,且人不会触碰到,就无须设置绝热层。

应对措施:

排油烟风管安装于贴邻人员经常停留的房间外墙的土建管井内时,建议安装隔热层,隔热层应选用 A 级不燃材料(如离心玻璃棉),导热系数不大于 0.032W/(m²·K),保温层厚度 50mm。

问题【9.5】

问题描述:

需要设置绝热层的风管,在防火阀两侧 2m 范围内未按规范要求采用不燃材料,导致设计违反规范且产生安全隐患。

原因分析:

设计师对《建筑设计防火规范》GB 50016—2014(2018 年版)不够熟悉,设计说明对此项的说明往往遗漏。

应对措施:

根据《建筑设计防火规范》GB 50016—2014(2018 年版)第 9.3.13 条的规定,防火阀的设置应符合下列规定:

> 1 防火阀宜靠近防火分隔处设置。
> 2 防火阀暗装时,应在安装部位设置方便维护的检修口。
> 3 在防火阀两侧各 2.0m 范围内的风管及其绝热材料应采用不燃材料。
> 4 防火阀应符合现行国家标准《建筑通风和排烟系统用防火阀门》GB 15930 的规定。

故应在设计说明中进行说明补充,并在平面图上注明。

问题【9.6】

问题描述:

多联机空调系统设计中,对敷设于室外或者屋面的空调冷媒管,设计说明仅要求加大绝热层的厚度,无其他要求。

9

敷设于屋面与室外的空调冷媒管，往往长期暴露于室外太阳辐射下，若无其他保护措施，将造成保温层温度升高较大，产生大量的冷损失；另外室外冷媒管道经常处于往来人员的活动区域范围内，若保温材料外表面无其他保护材料，保温材料和冷媒管道均容易遭到踩踏及其他人为破坏。

原因分析：

设计师往往会忽视室外冷媒管道的保护层设计，以致设计说明中遗漏。

应对措施：

建议在设计说明中补充："室外冷媒管道应设置镀锌钢板或不锈钢板等材料制作的保护层。"以达到防晒、保护绝热材料的作用。

问题【9.7】

问题描述：

设计说明对管道与设备绝热材料的厚度计算原则表达不够明确：

"空调水管的绝热层厚度按《设备及管道绝热设计导则》GB/T 8175 的经济厚度和防表面结露厚度的方法计算。空调风管绝热层的最小热阻为 $0.81 \mathrm{m^2 \cdot K/W}$，屋面露天处风管绝热层最小热阻不小于 1.06。"

这样会导致绝热材料厂家在为设备与管道安装绝热材料时选用错误的材料厚度，从而无法达到预期的绝热效果。

原因分析：

设计师对各类型的管道绝热层厚度的计算原则不够熟悉。

应对措施：

应把设计说明的相关内容修改为：（1）空调风管、空调系统静压箱、空调水管的绝热层厚度应按经济厚度计算，并校核防结露厚度，取两者的较大值。（2）冷凝水管的绝热层厚度按防结露厚度计算。（3）排油烟管、消防排烟管的绝热层厚度，按照保温层外表面温度不大于50℃计算保温层厚度。详见《民用建筑供暖通风与空调调节设计规范》GB 50736—2012 的规定：

> 设备与管道的保冷层厚度应按下列原则计算确定：
> 1　供冷或冷热共用时，应按现行国家标准《设备及管道绝热设计导则》GB/T 8175 中经济厚度和防止表面结露的保冷层厚度方法计算，并取厚值，或按本规范附录K选用。
> 2　冷凝水管应按《设备及管道绝热设计导则》GB/T 8175 中防止表面结露保冷厚度方法计算确定，或按本规定附录K选用。

问题【9.8】

问题描述：

带铝箔的金属覆层绝热材料表面结露，导致风管及吊架浸湿，顶棚滴水等现象，使室内空气环境恶化，是影响人们身体健康的一个潜在风险。

原因分析：

带铝箔的金属覆层绝热材料防凝露厚度计算选型时，套用规范中的附录厚度是偏薄的，没有考虑到带铝箔后表面放热系数变小，防凝露厚度需增大的问题。当选择带铝箔或其他金属覆层的绝热材料时，这类绝热材料表面系数 α 对保温厚度的影响就必须引起足够重视了。

应对措施：

目前市场上用于空调管道保温的绝热材料品种繁多，有时用户会选择一些带铝箔的金属覆层绝热材料（如玻璃棉＋铝箔、聚乙烯或橡塑复合铝箔等），或是希望能在已有的保温材料表面刷上浅色光亮油漆，以配合装修效果。在进行上述选择的过程中，这类绝热材料表面系数 α 对保温厚度的影响就必须引起足够重视了。

表面系数 α，又称表面换热系数（单位：$[W/(m^2 \cdot K)]$），对于绝热工程应用领域可简单理解为材料提升其外表面温度的能力。根据保冷防结露厚度计算公式，α 值越高，所需保温厚度越小。保温厚度相同时，材料表面系数 α 值越高，出现管道结露的风险也越小。

$$\delta = \frac{\lambda}{\alpha} \cdot \left(\frac{T_a - T_i}{T_a - T_{sc}} - 1 \right)$$（平面保温厚度计算公式 A，《设备及管道绝热设计导则》GB/T 8175—2008）

其中：

δ——保温厚度，m；

α——绝热材料表面换热系数，W/（m² · K）；

λ——导热系数，W/（m · K）；

T_i——管道或设备表面温度，℃；

T_a——环境温度，℃；

T_{sc}——设计应达到的保温层外表面温度，℃。

表面系数 α 由表面辐射换热系数 α_r 和表面对流换热系数 α_c 两部分组成，其确切值受诸如表面材质、黑度、温差、环境风速等众多因素影响，但总的来说，浅色光亮表面的绝热材料，其 α 值较低，而深色粗糙表面的绝热材料，其 α 值较高。根据国际标准《建筑设备和工业装置的绝热计算规则》ISO 12241，各类材料的表面系数估算值如表 9.8-1 所示：

各类材料表面系数估算值   表 9.8-1

材料	表面系数 α
光亮金属、不锈钢、铝箔（黑度系数不大于 0.2）	5.7
镀锌板、光亮装饰漆、铝管（黑度系数大于 0.2，低于或等于 0.9）	8.0
粗糙深色表面、水泥、纸、布、塑料管（黑度系数不小于 0.9）	9.0

按公式 A，由于表面系数 α 的不同，不同绝热材料用于空调管道保温所需最小厚度计算举例如表 9.8-2，假设介质温度 14℃，环境温度 30℃，相对湿度 80%，导热系数 0.036W/（m · K）：

各类材料表面系数与保温厚度   表 9.8-2

	聚乙烯复合铝箔	橡塑复合铝箔	表面涂光亮白漆
表面系数 α	5.7	5.7	8.0
所需保温厚度 δ	20	20	14.3

9

问题描述：

橡塑保温材料用于热水管道保温，热水管道运行后会出现橡塑接缝开裂的现象。

原因分析：

橡塑保温材料用于热水管道保温，热水管道运行后胶水会失去黏结作用导致橡塑接缝开裂。

应对措施：

橡塑保温材料可以用于热水管道的保温，而且其安装方便快捷，无纤维粉尘污染，但需要注意的是，一般胶水固化后应用温度范围最高只有65℃，热水管道运行后胶水会失去黏结作用导致橡塑接缝开裂，因此水温高的热水管道选用橡塑保温时需选用耐温与橡塑材料一致的胶水。同时，若无特殊原因，设计上应尽量避免橡塑材料用于温度高于65℃的介质的保温。

问题【9.10】

混凝土蓄冷水槽保温破损，低温冷冻水对主体结构造成破坏，导致混凝土结构产生裂缝（图9.10-1）。

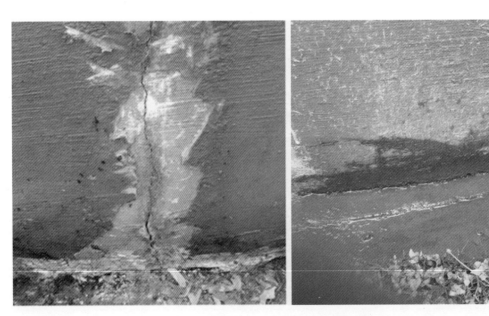

图9.10-1　混凝土结构产生裂缝

原因分析：

蓄冷水槽采用内保温、内防水，一般要求蓄冷水槽混凝土结构的温度和其他混凝土建筑结构的温度偏差不允许超过5℃，否则混凝土结构容易产生膨胀缝，在保温良好的情况下，一般没有问题，但是如果保温材料老化，就会导致冷量传到混凝土结构，从而导致混凝土结构产生裂缝，影响混凝土结构寿命。

应对措施：

建议将水蓄冷槽混凝土结构和建筑主体混凝土结构分开（图 9.10-2），且有条件时，建议较大的蓄冷水池至少分为两个蓄冷水池，便于将来更换保温材料和防水材料。

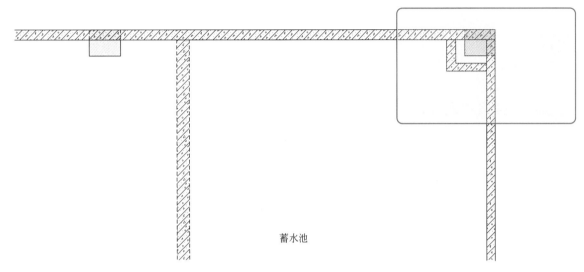

蓄水池

图 9.10-2　水蓄冷槽混凝土结构和建筑主体混凝土结构分开

问题【9.11】

问题描述：

《建筑防烟排烟系统技术标准》GB 51251—2017 中规定：

> ......
> 4.4.9　当吊顶内有可燃物时，吊顶内的排烟管道应采用不燃材料进行隔热，并应与可燃物保持不小于 150mm 的距离。
> ......
> 6.3.15　排烟风管的隔热层应采用厚度不小于 40mm 的不燃绝热材料，绝热材料的施工及风管加固、导流片的设置应按现行国家标准《通风与空调工程施工质量验收规范》GB 50243 的有关规定执行。

吊顶内有可燃物时，需进行隔热，是否可理解为吊顶内排烟管道旁无可燃物时，金属风管即可满足要求？

原因分析：

金属风管按照《通风管道耐火试验方法》GB/T 17428—2009 即使涂隔热涂料也无法满足完整性及隔热性同时达到要求。因此金属风管也必须有包裹措施，并且有通过《通风管道耐火试验方法》耐火的型式检验报告才能视为合格。

应对措施：

根据《建筑防烟排烟系统技术标准》GB 51251—2017，风管需要满足耐火极限要求，在不同场

9

所下的耐火极限要求如表 9.11：

风管在不同场所的耐火极限要求　　　　　　　　　　　　　　表 9.11

风管场所	管井内衬	房间吊顶	车库/设备用房
耐火极限	0.50h	0.50h	0.50h
风管场所	室内明装	走道吊顶	穿防火分区
耐火极限	1.00h	1.00h	1.00h

耐火极限包括耐火完整性和耐火隔热性，应同时满足。为了防止排烟管道本身的高温引燃吊顶中的可燃物，当吊顶内有可燃物时，吊顶内的排烟管道应采用不燃材料进行隔热，并应与可燃物保持不小于150mm的距离。该要求属于耐火隔热性，通常做法是采用厚度不小于40mm的不燃绝热材料。由于吊顶内的风管本身就需满足耐火极限要求，因此，无须再增加隔热措施，满足耐火极限要求即可。

排烟风管常用镀锌钢板制作，而普通镀锌风管无法满足耐火极限要求，由报告可知：镀锌风管仅能满足耐火完整性。因此，当排烟风管采用镀锌风管时，均需采取防火措施。

为满足风管的耐火极限，目前常见的做法有：

1）镀锌风管外包防火板。

2）直接采用复合防火风管。

注意：不可采用涂覆防火涂料作为满足风管耐火极限的措施。

主要原因：

1）防火涂料高温下挥发有毒有害气体。

2）防火涂料高温下膨胀变形，可能妨碍风阀等执行机构的正常动作。

9

第 10 章　节能环保

10.1　节能

问题【10.1.1】

问题描述：

1）室外气象参数有误，不符合当地气象参数。

2）室内设计参数有误，不符合《民用建筑供暖通风与空气调节设计规范》GB 50736—2012 以及《公共建筑节能设计规范》SJG 44—2018（深圳经济特区技术规范）。

3）围护结构的传热系数同建筑专业节能计算的传热系数不一致。

原因分析：

1）执行的规范版本年代有误已过期。

2）直接套用以往的工程项目说明，没有结合现有的工程所在地、设计日期进行分析。

3）空调设计负荷前期计算采用的围护结构参数没有同建筑专业的节能计算调整同步。

4）调整室内设计参数的范围时，没有理解规范的要求，既要考虑舒适度、卫生要求、工艺要求、医疗手术要求，同时应考虑节能。

应对措施：

1）通用设计说明应及时更新。

2）室外气象参数选用应注意核查工程所在地，并同《民用建筑供暖通风与空气调节设计规范》GB 50736—2012 附录 A 一致，如附录 A 没有的可参考气象条件邻近的地区。

3）认真学习相关规范及条文说明。

4）及时跟进建筑专业的相关调整。

问题【10.1.2】

问题描述：

医院内外区共用新风系统，新风加热到室内温度，导致冬季内区过热。

原因分析：

医院有较大面积的内区房间，冬季没有围护结构热负荷，室内设备及灯光人体散热形成冷负荷，设计没有考虑到内区与外区房间负荷特性不同。

应对措施：

1）内外区分设新风系统，内区冬季可调低新风送风温度，但送风温度与室内温度差不宜大于10℃，以免人体着凉生病。

2）内区过渡季采用加大新风量的措施，改善就医环境。

3）内区采用冷却塔免费供冷。

问题【10.1.3】

问题描述：

医院住院楼病人走道或门诊走廊设有风机盘管，为便于管理，其温控器集中设于护士站，造成走道远端温度不能满足设计要求。

原因分析：

公共区域风机盘管分区域就地设置温控器，通常能有效保证室内温度，但此方式不便于管理及控制，病人可以随意触碰调节，也会存在下班忘记关风机盘管的现象，造成能源浪费。为了方便管理与控制，温控器集中设在护士站，因风机盘管温度测点设在温控器上，由温控器周围的温度决定风机盘管电动二通阀的启停，而护士站的温度不能反映出走道远端的温度。

应对措施：

1）风机盘管温控器安装应避免阳光，保证其不受其他热源、门窗气流及外墙温度的影响。

2）温控器集中设置在护士站，在设计时要求温度探测器独立于温控器设置，温度探测器设在风机盘管回风口附近，温度信号送至温控器面板来控制电动二通阀启停。

3）若考虑便于管理及节能要求，公共区域的风机盘管建议采用风机盘管智能控制系统，可由室内智能控制主机根据不同场所进行温度、风速、启停的控制，也可由设置于护士站的末端控制面板进行控制。温度探测器设在风机盘管回风口附近，温度信号送至智能控制主机，通过信号传输来控制电动二通阀启停。

问题【10.1.4】

问题描述：

冷热源采用冷水机组＋风冷热泵机组的系统形式，水系统采用两管制系统，风冷热泵机组冷热水选用同一组水泵，未计算供热工况下的耗电输热比。

原因分析：

1）风冷热泵机组在冷热水温差均为5℃的工况下，冷热水流量相差不大，所以风冷热泵机组冷热水选用同一组水泵，没有考虑到南方项目冷热负荷差距较大，冬夏季共用管路，冷热水泵扬程差距较大，不利于节能。

2）计算供热工况下的耗电输热比，需满足规范要求。

应对措施：

此种情况，风冷热泵机组宜分设冷热水泵。

问题【10.1.5】

问题描述：

空调水系统设置了平衡阀，布置和选择管径时较为随意，未注意水系统平衡问题。

原因分析：

《公共建筑节能设计标准》GB 50189—2015 第 4.3.6 条：空调水系统布置和选择管径时，应减少并联环路之间压力损失的相对差额。当设计工况时，并联环路之间压力损失的相对差额超过 15%，应采取水力平衡措施。

设计因为采取了水力平衡措施，就不去关注管网本身的平衡问题，过分依赖平衡阀的作用。

应对措施：

1）地下室主干管采用同程系统，各层平面管路宜采用同程系统。
2）若各层平面采用异程系统，立管服务半径不宜超过 40m。

问题【10.1.6】

问题描述：

全空气系统未根据焓湿图计算选择空调机组，设备材料表对进出风参数表达不清，为提高保险系数，设备选型偏大，不利于节能。

原因分析：

对空气冷热处理过程不了解，仅根据冷热量选择空调机组。尤其是净化专项设计，一般由设计院外包给净化公司做，他们按运行经验选型，基本不作焓湿图计算。

应对措施：

根据焓湿图计算选择空调机组。

问题【10.1.7】

问题描述：

分体空调器室外机安装处，建筑装饰百叶通风率低，不满足室外机散热需求，造成运行能耗增加或无法开启运行（图 10.1.7）。

图 10.1.7　分体空调室外机百叶

10

原因分析：

建筑设计不了解空调室外机散热情况，把美观放在第一位，空调设计对分体空调室外机百叶关注度不够。

应对措施：

1) 现场已安装的百叶装饰条，每隔一个拆除一个，使空调外机能正常运转散热不影响正常使用。
2) 设计时与建筑做好配合，宜采用一字形百叶或矩管百叶，保证通透率 80% 以上。

10.2 环保

问题【10.2.1】

问题描述：

大型商业综合体建筑餐饮厨房油烟存在低空排放，对周边住户造成较大影响（图 10.2.1）。

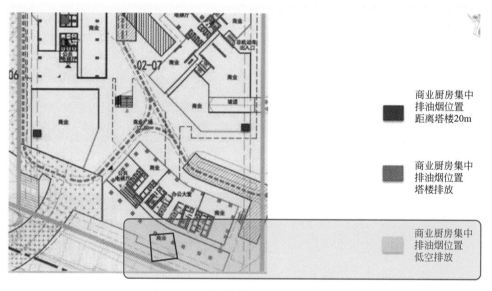

商业厨房集中排油烟位置距离塔楼20m

商业厨房集中排油烟位置塔楼排放

商业厨房集中排油烟位置低空排放

图 10.2.1　综合体厨房油烟低空排放

原因分析：

设计人员对有大量餐饮的油烟排放设计经验欠缺，没有对油烟排放前期进行较好的规划，且没意识到其对周边环境的影响。

应对措施：

1) 首先避免餐饮的油烟低空排放，应按高空排放设计（如塔楼顶，若条件限制最少也应在裙房屋面排放）。
2) 应提前对厨房油烟的排放点进行较好的规划，使油烟口避开人员敏感区域。
3) 油烟的处理需满足国家油烟排放的相关规定。

问题【10.2.2】

问题描述：

垃圾房排风口对设在非机动车库人员的进出口，味道较大（图 10.2.2）。

原因分析：

设计人员仅考虑了通风系统满足本专业规范要求，未考虑对其他专业以及周边环境和人员的影响。

应对措施：

将垃圾房排风口改至对人员影响小的位置，例如塔楼或裙楼屋顶、不经常有人员通行的绿化带等。

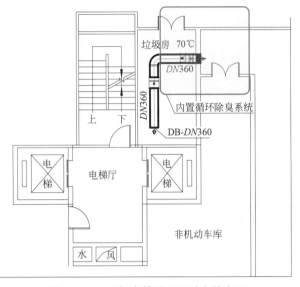

图 10.2.2　垃圾房排风口正对人员出口

问题【10.2.3】

问题描述：

塔楼屋顶排油烟风机、油烟净化器放在卧室上方，噪声及振动对下层住户造成较大影响（图 10.2.3）。

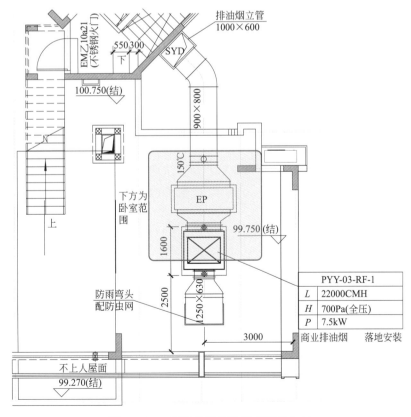

图 10.2.3　厨房排油烟风机在卧室上方

原因分析：

设计人员仅考虑了本专业接管方便，未考虑后期排油烟风机运行产生的振动、噪声等对下层住户的影响。

应对措施：

将排油烟风机、油烟净化器等改至核心筒屋面、电梯厅屋面等非主要功能房间或公共区域的上方。

问题【10.2.4】

问题描述：

厨房油水处理间排风未经过处理，且直接排向车库（图10.2.4）。

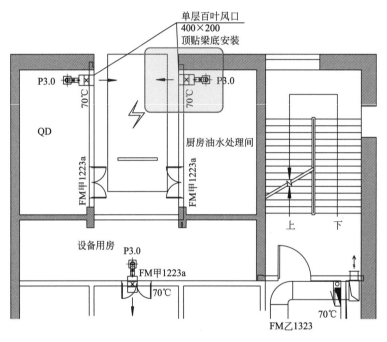

图10.2.4　厨房油水处理间排风未经处理

原因分析：

油水处理间属于异味房间，排风未经过处理排向车库会降低车库空气品质，影响车库环境，导致体验感变差。

应对措施：

排风系统应设净化处理装置，且直接独立排至室外对人员无影响区域。

问题【10.2.5】

问题描述：

设计人员设计燃气锅炉的烟囱，按一般通风管道随便布置（图10.2.5）。

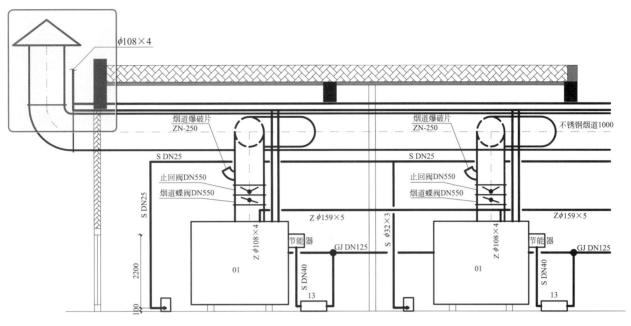

图 10.2.5　燃气锅炉烟囱位置不合理

原因分析：

设计人员未注意规范要求。

应对措施：

烟囱排放按《锅炉大气污染物排放标准》DB 44/765—2019 第 4.5 条及《锅炉大气污染物排放标准》GB 13271—2014 第 4.5 条，燃油燃气锅炉烟囱不低于 8m，锅炉烟囱的具体高度按批复的环境影响评价文件确定。新建锅炉房的烟囱周围半径 200m 距离内有建筑物时，其烟囱应高出最高建筑物 3m 以上设计。

10

第11章 暖通设备选型

11.1 通风系统设备选型

问题【11.1.1】

问题描述:

广东省充电车库的通风排烟设备如何选型？排烟不足是否会助长充电车的火势？

原因分析:

设计人员在风机选型时，未按1.2倍计算风量。

应对措施:

学习规范中关于1.2倍计算的几种情况：

《建筑防烟排烟系统技术标准》GB 51251—2017

1) 第3.4.1条：机械加压送风系统的设计风量不应小于计算风量的1.2倍。

2) 第4.6.1条：排烟系统的设计风量不应小于该系统计算风量的1.2倍。

3) 第3.3.3.2条：直灌式加压送风系统的送风量应按计算值或按本标准第3.4.2条规定的送风量增加20%。

《电动汽车充电基础设施建设技术规程》DBJ/T 15—150—2018

4) 第4.8.3条：设置充电设施的机动车库区域，机械通风量应按容许的废气量、废热量计算，排风量可按换气次数法或单台机动车排风量法计算，且不应小于现行国家标准《车库建筑设计规范》JGJ 100—2015 "表7.3.4-1"或"7.3.4-2"的1.2倍。

5) 第4.9.13条：设置充电设施的区域，应根据建筑面积不大于2000m² 设置独立的排烟和补风系统，每个系统的排烟量和补风量不应小于现行国家标准《汽车库、修车库、停车场设计防火规范》GB 50067—2014 "表8.2.5"的每个防烟分区的排烟量的1.2倍。

问题【11.1.2】

问题描述:

地下车库平时送排风机采用轴流风机，违反规范《声环境质量标准》GB 3096—2008 中对噪声的规定，住宅、医院、办公、文化教育、科研设计都属于1类声环境功能区，应满足噪声限值白天55dBA，晚上45dBA。工业厂房噪声限值白天是65dBA。

采用轴流风机，排风通过竖井排到室外的噪声引起楼上住宅、临近的医院、其他办公楼，街道办每天都来投诉（图11.1.2）。

原因分析：

设计人员选型时未考虑风机的噪声对周围的影响。

应对措施：

在设计阶段，平时送排风机采用柜式离心风机和空气处理机组。若大于规范要求的噪声，风机前后进出口设消声器，排风机进出口均设消声器或消声静压箱。

消声静压箱的面风速应小于 2.5m/s，消声器的选型应按国标图集根据风量进行选用。

520
1480
1450
280℃
650
650×1600
排风
机房
300
ϕ650
PF

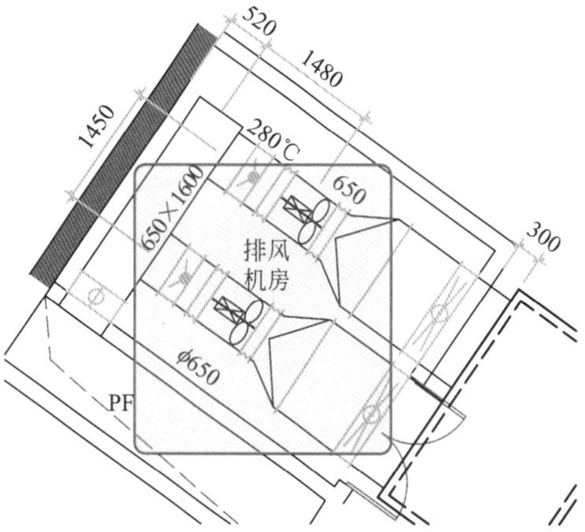

图 11.1.2　排风通过竖井排到室外

问题【11.1.3】

问题描述：

卫生间排风选型有误，顶棚板式排气扇设计选型是按 0 风压下选的风量，造成卫生间排风量不足。

原因分析：

设计人员只按参数表格选型，未查风量风压曲线图。

应对措施：

选型时应按曲线表上所需要的风压和风量对应，在曲线上取好点，按该点的风压和风量在参数表中选出型号，再抄到设备材料表上，这样选型才准确（图 11.1.3）。

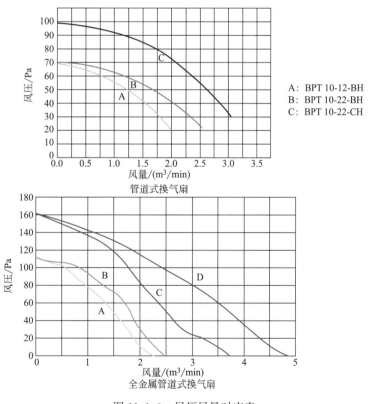

风压/Pa
风量/(m³/min)
A: BPT 10-12-BH
B: BPT 10-22-BH
C: BPT 10-22-CH
管道式换气扇
风压/Pa
风量/(m³/min)
全金属管道式换气扇

图 11.1.3　风压风量对应表

问题【11.1.4】

问题描述：

通风机传动装置的外露部位以及直通大气的进、出口，未设防虫铁丝网。造成违反强条，以及实际运用中，蟑螂、老鼠、蚂蚁、鸟、飞虫等会进入风机里面。

原因分析：

设计人员未考虑传动装置和风口的保护。

应对措施：

《通风与空调工程施工质量验收规范》GB 50243—2016 第7.2.2条：通风机传动装置的外露部位以及直通大气的进、出口，必须装设防护罩（网）或采取其他安全设施。

风机进、出口应设防虫铁丝网，传动装置应设防护罩或箱体保护（图11.1.4）。

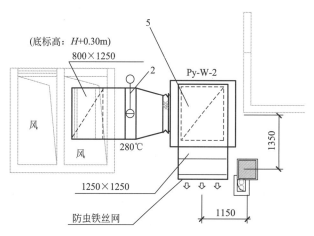

图11.1.4 风机进、出口设防虫铁丝网

问题【11.1.5】

问题描述：

地下值班室、控制室容易通风设计选型不当，只设排风扇，会造成在这些房间值班或上班的人缺氧，危及生命（图11.1.5）。

原因分析：

设计人员在风机选型时，未考虑人员新风量。

应对措施：

值班室、控制室应送室外新风，无窗的值班室应设排风，新风量应按排风量＋人员新风量＋维持正压的风

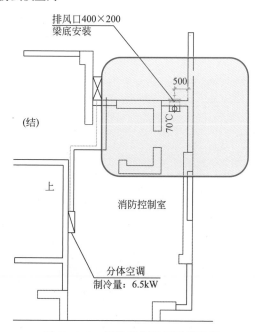

图11.1.5 消防控制室只设排风扇

量总和来选型，同时应设空调（图 11.1.5）。

11.2　空调系统设备选型

问题【11.2.1】

问题描述：

主要设备材料表上多联机抄的是样本上的国标工况下设备的制冷制热量，不是设计工况。因此造成多联机选型偏小，冷量不足。

原因分析：

设计人员未做详细选型计算。

应对措施：

多联机的容量应按照设计工况，对室外机的制冷（热）能力进行室内外温度、室内外机负荷比、冷媒管长和高差、融霜等修正。根据各曲线图选好点，再写参数。对室内机制冷（热）能力进行校核计算（参照《多联机空调系统工程技术规程》JGJ 174—2010 第 3.4.4 条）。

问题【11.2.2】

问题描述：

空气处理机组进出风干湿球温度应注明，并根据该温度核算出实际制冷量和制热量写在设备表和计算书上，不能直接抄样本上的参数。如果直接抄样本，会造成选型偏小，冷量不足。

原因分析：

设计人员选型方式有误。

应对措施：

应采用焓湿图计算。一次回风系统工况分析计算书，举例说明：

1）先按最大温差计算

业务大厅 1 AHU-1-1，经焓湿图计算结果如图 11.2.2-1、图 11.2.2-2 所示：

上述计算结果中，混合点 C 就是空气处理机组的进风干湿球温度，送风点 O 是空气处理机组出风的焓值。根据 O 点和 C 点的焓差计算出制冷量，这样初步计算出无温升时的送风量和制冷量。

2）计算风机温升带来的影响

方法：先无温升算一个风量，比如 5180，判断 5180 风量一般系统对应的全压值 380～660Pa，查空调厂家样本，电机功率 1.8kW，估算实际功率 1.2kW，把 1.2kW 计入再热量到选型程序，算出风机温升是 0.85℃，把最大送风温差减去温升后的数值填入送风温差里计算，就得到准确的机器

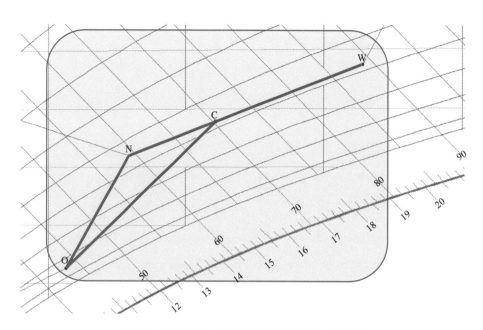

图 11.2.2-1　按最大温差计算的湿空气焓湿图

已知参数：

室外状态点W：33.7℃　　27.5℃　　62%　　21.0g/kg　　87.8kJ/kg

室外状态点N：26.0℃　　20.3℃　　60%　　12.8g/kg　　58.8kJ/kg

室内空调冷负荷：23.761kW

室内空调湿负荷：10.930kg/h

新风量：1881m³/h

计算结果：

总送风量(O-N)：5180m³/h

空调制冷量(C-O)：41.991kW

空调器进风状态点参数C：28.8℃　23.2℃　62%　15.7g/kg　69.3kJ/kg

空调器出风状态点参数0：17.0℃　16.0℃　90%　11.0g/kg　45.1kJ/kg

送风状态点O：17.0℃　16.0℃　90%　11.0g/kg　45.1kJ/kg

混风比(N-C-W)：36%

热湿比(N-W)：7826kJ/kg

图 11.2.2-2　按最大温差计算的送风量、制冷量数据

露点和送风点参数（图 11.2.2-3、图 11.2.2-4）。

　　其中再热量就是机器露点 L 点与实际的送风点 O 点之间的焓差。计入再热量之后得到实际的送风量、制冷量，准确的进出风干湿球温度等数值。

　　3）各空调风量对应的风机温升

　　统计各风量下风机的温升对送风温差的影响（表 11.2.2）。

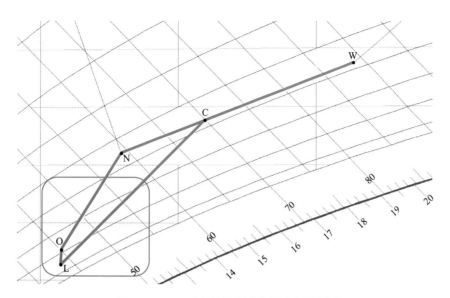

图 11.2.2-3　考虑风机温升的湿空气焓湿图

已知参数:

室外状态点W: 33.7℃　27.5℃　62%　21.0g/kg　87.8kJ/kg

室内状态点N: 26.0℃　20.3℃　60%　12.8g/kg　58.8kJ/kg

室内空调冷负荷: 23.761kW

室内空调湿负荷: 10.930kg/h

新风量: 1881m³/h

计算结果:

总送风量(O-N): 5704m³/h

空调制冷量(C-L): 43.193kW

空调再热量(L-O): 1.201kW

空调器进风状态点参数C: 28.6℃ 22.9℃ 62% 15.5g/kg 68.4kJ/kg

空调器出风状态点参数L: 17.2℃ 16.2℃ 90% 11.2g/kg 45.7kJ/kg

送风状态点O: 17.9℃ 16.4℃ 87% 11.2g/kg 46.3kJ/kg

混风比(N-C-W): 33%

热湿比(N-W): 7826kJ/kg

图 11.2.2-4　准确的机器露点和送风点等参数值

不同送风量下风机温升对送风温差影响统计表　　　　表 11.2.2

全空气系统 送风量/(m³/h)	系统全压 /Pa	电机功率 /kW	轴功率再热量 /kW	风机温升 /℃
2000	380	0.55	0.4	0.5
3000	380	0.55	0.4	0.5
4000	380	0.8	0.55	0.5
5000	660	1.8	1.1	0.85
6000	660	2.2	1.5	0.8
7000	630	2.2	1.5	0.75

11

续表

全空气系统 送风量/(m³/h)	系统全压 /Pa	电机功率 /kW	轴功率再热量 /kW	风机温升 /℃
8000	690	3	2.2	0.95
9000	575	3	2.2	0.65
10000	660	4	3	1.1
21000	610	11	7.5	1.15
30000	700	15	11	1.1
36000	710	18.5	15	1.4

以上温升的参数仅供参考。空气处理机组 2000～10000 风量参考了 BFP（X）型变风量空气处理机组的参数，21000～36000 风量参考了 39GI 组合式空气处理机组的参数。

问题【11.2.3】

问题描述：

风机盘管应写明进风干湿球温度，风机盘管风量按中速选型，冷量却按高档，风量与冷量不能对应，造成风机盘管的冷量不足。

原因分析：

设计人员对风机盘管的选型不够细致。

应对措施：

风机盘管的选型应根据室内干湿球温度，在温度和冷量的曲线表上选取所对应的冷量，再根据进水温度和温差进行修正。根据所需要的机外余压在风量与风压曲线表上选取所需要的风量和风压。最后整理到表格中，举例如表 11.2.3-1、表 11.2.3-2 所示：

42CE 风机盘管性能参数表（2 排盘管）

进风温度：夏季 25℃/18℃，冬季 21℃；进水温度：7℃/60℃，中速运行　　　　　　　　　表 11.2.3-1

型号	风量/ (m³/h)	余压/ Pa	制冷量/ kW	水量/ (m³/h)	制热量/ kW	输入功率/W	噪声/ dB	水压降/ kPa	长度/ mm	宽度/ mm
42CE003	450	25	2.13	0.48	4.04	32	39	16	922	560
004	600	25	2.93	0.66	5.42	60	43	26	1002	560
006	820	30	4.10	0.90	7.76	94	46	22	1442	560
008	1230	35	5.68	1.29	10.74	134	47	28	1562	560
010	1480	40	6.50	1.44	12.3	152	48	32	1802	560
012	1730	40	8.01	1.80	15.2	189	49	40	2042	560

注：风机盘管高度均为 220mm，宽度包括回风箱。

风机盘管送回风风管及风口尺寸表　　　　　　　　　表 11.2.3-2

型号	送风管	门铰式 回风口	送风口	
			散流器	双层百叶侧送
42CE003	630×120	400×200	250×250×1 个	630×120

型号	送风管	门铰式回风口	送风口	
			散流器	双层百叶侧送
004	750×120	600×200	250×250×1 个	750×120
006	950×120	800×200	300×300×1 个	950×120
008	1270×120	1000×200	250×250×2 个	1270×120
010	1390×120	1200×200	300×300×2 个	1390×120
012	1630×120	1400×200	300×300×2 个	1630×120

　　然后按型号所对应的参数，写到设备材料表上，这样选型才准确。做好设备材料表之后，再遇到同样进风干湿球温度相同的项目，可以适用。

问题【11.2.4】

问题描述：

　　全热交换器送排风风量相同。如果送排风风量相同，则造成空调房间零压，室外的热空气可以随便进来（图 11.2.4）。

13.	新风热交换机组	参考型号：VS-55-R-RC	台	4	X-1-1～4
		新风量：4900m³/h 新风机余压：300Pa			
		排风量：3920m³/h 排风机余压：50Pa			
		制冷量：47.4kW 新风机输入功率：2.2kW			
		冷水压降：34.64kPa			
		排风机输入功率：1.5kW			
		转轮换热器效率：69% 回收显热：9.5kW			
		新风机噪声：62.3dBA			
		排风机噪声：56.5dBA 机组重量：709kg			
		换热器新风进口：33℃，68.4%			
		换热器新风出口：27.4℃，94%			
		盘管新风出口：21.8℃，92%			
		排风进口：25℃，60%			
		排风出口：32℃，40%			
		冷水进出温度：7℃/12℃			

图 11.2.4　热交换器送排风风量数据示例

原因分析：

　　设计人员未考虑室内正压。

应对措施：

舒适性空调室内外有压差要求，其压差值取 5～10Pa，最大不应超过 30Pa（参照《民用建筑供暖通风与空气调节设计规范》GB 50736—2012 "应"条 7.1.5.1）。压差是由新风和排风的风量差得到的，新风量＝排风量＋门缝的漏风量＋人员的新风量。

全热交换器应分别写明新风量和排风量的不同风量和风压，并保证新风量大于排风量，保证空调房间 5Pa 的正压。计算排风量时应加上卫生间的排风量，避免空调房间负压。

问题【11.2.5】

问题描述：

所选主机总容量与负荷计算的结果不符。所选主机容量大于负荷计算的结果太多，会造成实际使用中，主机不能满负荷运行，降低效率。

原因分析：

设计人员选型计算不对。

应对措施：

电动压缩式机组总装机容量应根据计算的空调负荷直接选定，不另作附加；在设计条件下，当机组的规格不能符合计算冷负荷的要求时，所选择的机组的总装机容量与计算冷负荷的比值不得超过 1.1（参照《民用建筑供暖通风与空气调节设计规范》GB 50736—2012 强制性条文 8.2.2）。

11

第 12 章　蓄　　冷

12.1　蓄冷系统

问题【12.1.1】

问题描述：

水蓄冷系统主要分为单一冷冻水供水温度（通过集分水器统一为末端设备提供冷冻水）和两种冷冻水供水温度系统形式（冷水机组和蓄冷水分别为末端设备提供冷冻水），不考虑建筑负荷特性，简单设计成单一冷冻水供水温度，容易造成能源浪费，图 12.1.1-1 为采用集分水器的单一冷冻水供水温度水蓄冷系统：

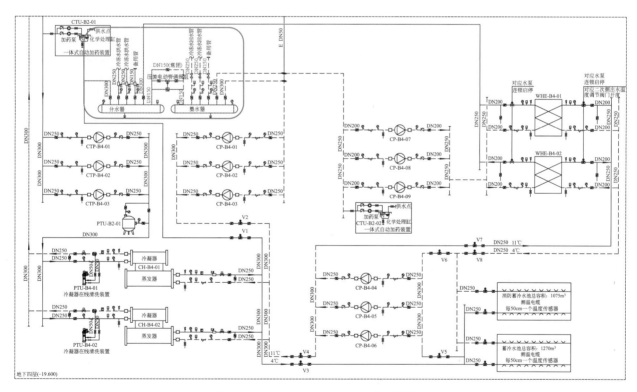

图 12.1.1-1　冷冻水统一由集分水器供给

原因分析：

对于新风集中处理的项目，设计通过集分水器时仅考虑峰谷电价差带来的投资回收效益，忽略了水蓄冷系统夜间蓄冷水与白天冷水机组为同一套机组；在白天供冷时段，如果将夜间蓄冷冷水用于新风除湿，将冷水机组供水温度提高，供用户室内使用，从而创造温湿分控条件，使得冷水机组在白天供冷工况运行时仅提供高温冷冻水供空调末端用户室内使用，提高冷水机组运行效率，即可更大程度节省运行费用，同时又能减少末端盘管的冷凝水，减少细菌滋生，改善室内空气品质。

应对措施：

对于新风集中处理的项目，建议为新风机组设置独立的新风冷水供/回水管路，新风机组冷冻水供/回水由蓄冷水槽直接提供，末端用户室内风机盘管冷冻水供/回水由冷水机组提供，并在允许的条件下尽量提高冷水机组供水温度，如图 12.1.1-2 所示：

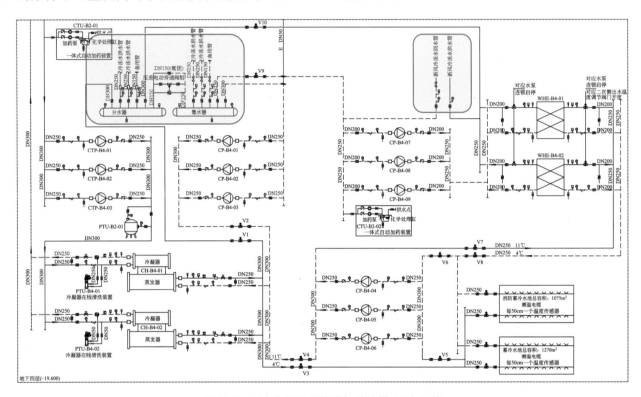

图 12.1.1-2　为新风系统增加单独供/回水立管

问题【12.1.2】

问题描述：

蓄水系统设计未考虑蓄冷时段加班情况，导致在夜间蓄冷时段末端空调用户有空调用冷需求时，无法为用户提供空调供冷。

原因分析：

对于企业而言，经常会出现应急通宵加班情况，水蓄冷系统因没有设置基载冷水机组，且夜间蓄冷工况下的蓄冷水泵与为末端用户供冷工况的蓄冷水泵为同一套水泵，导致夜间蓄冷时段无法为末端用户提供空调用冷。

应对措施：

1) 在夜间蓄冷工况打开阀门 V7、V8（图 12.1.2-1），将蓄冷水槽内的冷水通过水泵输送至板换，通过板换换热后供末端用户加班使用，但是，因白天已将蓄冷水槽放冷，此时供至板换的冷冻水水温稍高（约 11℃），但考虑到夜晚空调负荷较小，且仅为加班应急使用，也能满足用户需求，在设计时，需注意供冷方式、控制方式的说明及夜间加班负荷的计算，以免造成物业管理单位运行管理困难。

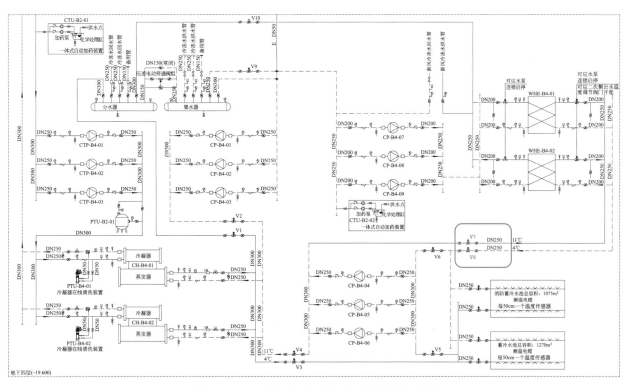

图 12.1.2-1　夜间蓄冷工况为用户供冷阀门控制

2）设置由冷水机组至板式换热器的旁通管，在夜间蓄冷工况有加班需求时，打开旁通管阀门，由冷水机组提供低温冷冻水满足夜间蓄冷时段用户加班空调用冷需求，如图 12.1.2-2：

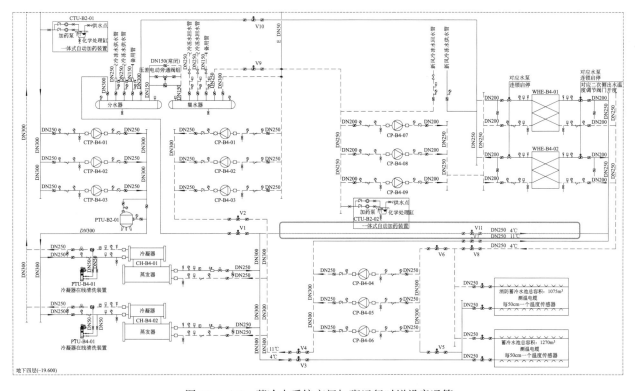

图 12.1.2-2　蓄冷水系统夜间加班运行时增设旁通管

问题【12.1.3】

问题描述：

水蓄冷系统在设计时，定压点已趋近系统承压极限，在白天供冷时段切换的电动阀门漏水，致使蓄冷水池溢水。

原因分析：

水蓄冷系统在白天供冷时段，因定压点已趋近系统承压极限，在系统运行时由于水锤对电动阀门的反复冲击造成阀门关闭不严而漏水，致使蓄冷水池溢水。

应对措施：

1）建议按照实际工作压力校核电动阀门扭矩，或采用双偏心阀门，可解决水池溢水问题，但随着使用时间的推移，阀门仍存在漏水的风险。

2）建议冷水主机供冷侧增加板换机组，将冷冻水系统机房侧和用户侧完全隔开，可以杜绝水池溢水现象，但会增加一套换热机组及水泵机组，增加机房面积，增加一次投资，且会产生一次板换换热损失，如图 12.1.3 所示：

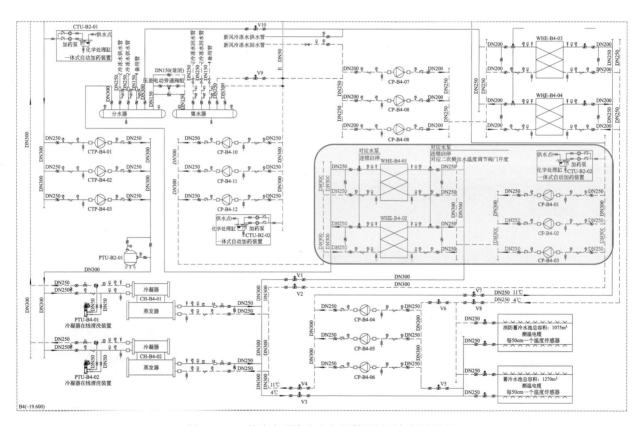

图 12.1.3　蓄冷水系统冷水主机供冷侧增加板换机组

问题【12.1.4】

问题描述:

蓄冷水槽计算时未考虑无效水深的影响,导致蓄冷量不足,后期运行时不能满足使用需求(图 12.1.4)。

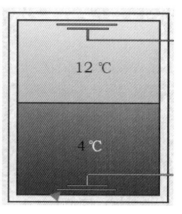

图 12.1.4 常见布水器示意

原因分析:

蓄冷水槽设计水深时,未扣除斜温层和顶部、底部集分水器的高度,使得蓄冷量达不到设计要求。

应对措施:

建议顶部、底部集分水器的高度按照大约 0.6m 考虑,斜温层厚度按照 0.3~0.6m 考虑,设计水池深度时,建议扣除 0.9~1.2m 无效水深(以上为参考值,设计时具体数值应和厂家配合确定)。

问题【12.1.5】

问题描述:

混凝土蓄冷水槽靠地下室外墙布置,利用结构混凝土外墙做蓄冷水槽外壁,导致外部水渗入蓄冷水槽内,破坏蓄冷水槽的正常使用。

原因分析:

利用地下室结构混凝土外墙作蓄冷水槽外壁,在雨季地下室水位较高时,水压较大,会破坏蓄冷水槽的保温材料和防水层,致使外部水渗入蓄冷水槽内,破坏蓄冷水槽的正常使用。

应对措施:

如采用地下室混凝土水槽,建议不要直接利用地下室外墙作为蓄冷水槽外壁,蓄冷水槽单独设置混凝土结构,和建筑主体结构分开,或直接采用不锈钢板槽,避免外部水渗入水槽影响蓄冷效果,图 12.1.5 为混凝土蓄水槽内衬钢板或不锈钢板的示意图,供大家参考:

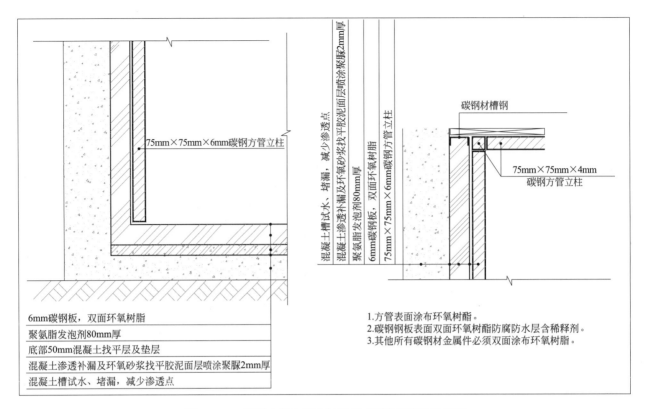

图 12.1.5 混凝土蓄水槽内衬钢板或不锈钢板的示意图

12.2 蓄冰系统

问题【12.2.1】

问题描述：

蓄冰系统设计时未考虑蓄冰末期的实际蓄冰运行工况，造成双工况离心冷水机组实际运行时在蓄冰末期出现喘振现象。

原因分析：

盘管蓄冰时，随着冰厚度增加，热阻增加，主机出口温度要逐步降低，对于钢盘管，8h 蓄冰要达到设计蓄冰厚度，最低温度需要－6.5℃，如果主机厂家选型时不能在此工况运行，双工况离心冷水机组在夜间蓄冰工况末期，由于出口温度临近停机温度，且机组处于满载状态，极易发生喘振现象，且冷水机组一旦出厂将无法调整，图 12.2.1 为典型的钢盘管蓄冰末期温度与蓄冰时间关系。

应对措施：

1）建议设计要求主机厂家除了对一般蓄冰时进/出口温度－5.6/－2.3℃提供选机报告外，尚应提供蓄冰工况末期进/出口温度－6.5/2.64℃的选机报告，且建议蓄冰工况末期冷却水温度入口设置在 31.0℃以上（如设置为 31.3/34.3℃），在此极端工况条件下，选机报告应保证双工况离心

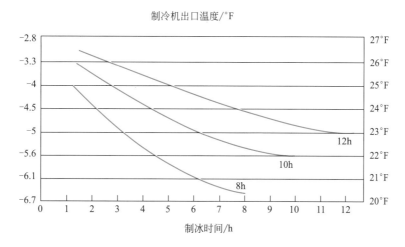

制冷机出口温度/°F

图 12.2.1 典型钢盘管蓄冰末期温度与蓄冰时间关系

主机不发生喘振现象。

2）建议双工况离心冷水机组在蓄冰工况选型时考虑卸载功能，保证机组能正常运行。

3）有条件时建议采用变频冷水机组或磁悬浮冷水机组，以保证制冰后期冷水机组能正常运行。

问题【12.2.2】

问题描述：

双工况离心冷水主机冷却塔选型设计仅考虑了白天运行工况，未考虑夜间工况，导致冷却塔散热性能不能满足夜间运行需求，夜间蓄冰工况运行时频繁喘振运行，严重时损坏压缩机。图 12.2.2-1 为双工况离心冷水主机蓄冰后期发生喘振现象。

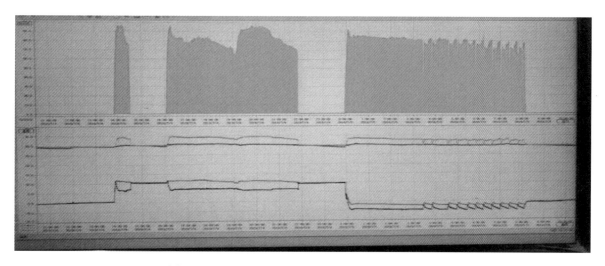

图 12.2.2-1 双工况离心冷水主机蓄冰后期喘振现象

原因分析：

冷塔在白天运行时，冷却水进/出水温度做到 32/37℃ 基本可以保证冷水机组正常运行，但在夜间蓄冰工况运行时，一般要求做到 30/33.5℃，冷却水出口温度更接近湿球温度，因此对冷却塔散热性能要求更高，对应的冷却塔散热能力选型应与此匹配，图 12.2.2-2 为典型的主机蓄冰工况选型报告，冷却水温度要求比常规工况低。

蒸发器信息

蒸发温度	−2.20℃	蒸发器溶液类型	载冷剂类型=乙二醇
蒸发器出口温度	−5.60℃	蒸发器溶液浓度	25.00%
蒸发器水流量	667.6m³/hr	蒸发器压降	77.6kPa
蒸发器最低流量	1622gpm	蒸发器最小压降	19.7kPa
蒸发器最大流量	4197gpm	蒸发器最大压降	161kPa
蒸发器流量/流量	4.213gpm/t	蒸发器型号	蒸发器非船用水室
蒸发器污垢系数	0.0176m²-deg K/kW	蒸发器水室承压	150psig蒸发器水压

冷凝器信息

冷凝器进口水温	30.00℃	冷凝器类型	载冷剂类型=水
冷凝器出口温度	33.59℃	蒸发器载冷剂浓度	N/A
冷凝器水流量	729.0m³/hr	冷凝器压降	59.9kPa
冷凝器最小流量	1214gpm	冷凝器最小压降	10.6kPa
冷凝器最大流量	4453gpm	冷凝器最大压降	111kPa
冷凝器水量	4.601gpm/t	冷凝器水室形式	冷凝器非船用水室
冷凝器污垢系数	0.0440m²-deg K/kW	冷凝器水室承压	150psig 冷凝器水压

图 12.2.2-2　某双工况主机选型报告

应对措施：

建议与冷却塔厂家紧密配合，提供白天运行工况和夜间蓄冰工况，两个工况的选型报告。

问题【12.2.3】

问题描述：

蓄冰盘管选型时，未综合考虑双工况主机的制冷量、温度和流量参数，导致实际运行蓄冷量不足。

原因分析：

双工况主机蓄冰过程中，出口温度是逐步下降的，蓄冰过程中，主机蒸发器出口平均温度约−4.5℃，随出口温度下降，制冷量也随之逐步下降，到选机报告中的−5.6/−2.3℃时，通常蓄冰已经接近6~7h，简单将−5.6/−2.3℃时的制冷量乘以8h作为总蓄冰量，这样蓄冰盘管量不够，会导致主机蓄冰后期温度快速下降，无法实现8h蓄冰，图12.2.3为盘管蓄冰时的典型参数表，随着盘管入口温度（主机出口温度）降低，主机制冷量逐渐下降。

时长/h	运行模式	空调负荷/冷吨	基载主机制冷负荷/冷吨	冰蓄冷系统								
				蓄冰系统负荷/冷吨	乙二醇双工况机组制冷负荷/冷吨	蓄冰量/冷吨	融冰量/冷吨	冰槽散热损失/冷吨	蓄冰槽库存蓄冰量/TH	进入冰槽温度/℃	离开冰槽温度/℃	进入冰槽流量/(L/s)
0	B	5621	5621	—	5057	5057	—	—	4817	−3.8	−0.2	1295
1	B	6442	6442	—	4900	4900	—	—	9874	−4.4	−1.0	1295
2	B	6364	6364	—	4782	4782	—	—	14774	−4.9	−1.5	1295
3	B	6289	6289	—	4693	4693	—	—	19557	−5.3	−2.0	1295
4	B	6219	6219	—	4625	4625	—	—	24250	−5.5	−2.3	1295
5	B	6152	6152	—	4568	4568	—	—	28875	−5.8	−2.5	1295
6	B	6252	6252	—	4518	4518	—	—	33443	−5.9	−2.8	1295
7	B	7776	7776	—	4412	4412	—	—	37960	−6.1	−3.0	1295

图 12.2.3　盘管蓄冰曲型参数表

应对措施：

蓄冰量的计算应依据主机从蓄冰第 1h 至蓄冰第 8h 的制冷量来累计叠加，由主机厂家提供不同出口温度下对应的制冷量数据累计叠加，如果要简化计算，建议将 −5.6℃ 时主机的制冷量乘以 8 后，盘管放大 5%～10% 进行选型。

问题【12.2.4】

问题描述：

蓄冰系统设计了多台双工况冷水主机，但蓄冰盘管未进行分组，导致夜间蓄冰工况各个蓄冰盘管蓄冰不均匀，有的盘管不能蓄满，白天供冷工况，各个蓄冰盘管释冷也不均匀，无法充分利用。

原因分析：

由于蓄冰盘管的台数非常多，且乙二醇管道异程布置，系统流量分配不可能做到完全均匀，因此，在蓄冰过程中，必定有的盘管最先达到蓄满冰的状态，此时蓄冰量传感器或冰厚传感器报警，如果蓄冰盘管未分组，则必须将全部的盘管都停止蓄冰，导致有的盘管不能蓄满，如图 12.2.4-1 所示：

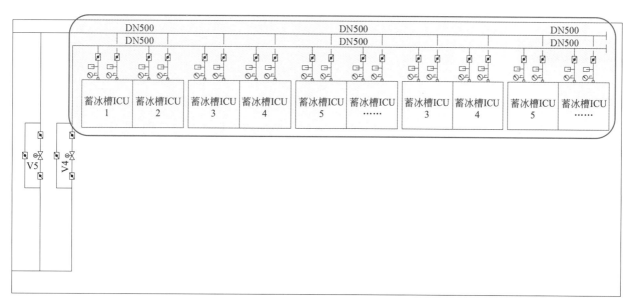

图 12.2.4-1　蓄冰盘管未分组

应对措施：

建议蓄冰系统设计了多台双工况冷水主机时，蓄冰盘管与双工况主机对应进行分组，并在每组盘管上均安装电动阀，当其中一组盘管蓄满冰并报警时，关闭该组蓄冰盘管的电动阀门，同时关闭对应的冷水机组，未蓄满的盘管组继续蓄冰；同时建议各组蓄冰盘管的乙二醇管道同程布置，减少蓄冰不均匀性，具体建议如图 12.2.4-2 所示：

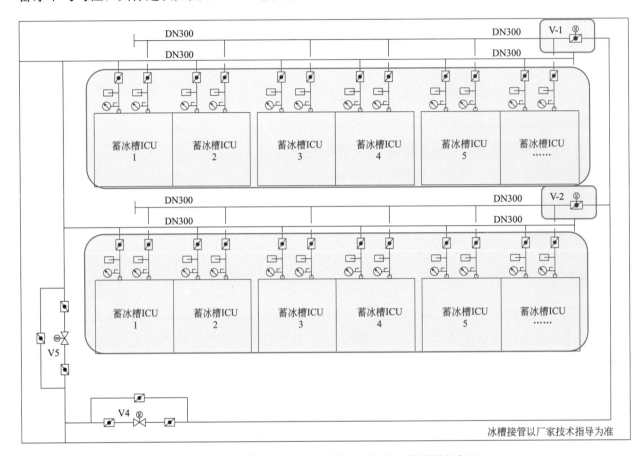

图 12.2.4-2　蓄冰盘管分组并安装电动阀门，管道同程布置

问题【12.2.5】

问题描述：

冰槽内水未做化学水处理，导致细菌、藻类滋生，影响盘管换热效率（图 12.2.5）。

原因分析：

冰槽产品厂家一般对水质有严格的要求标准，设计时应注意厂家产品的需求，否则会导致细菌、藻类、污垢滋生，影响盘管换热效率，降低盘管实际使用寿命。

应对措施：

建议设计自动加药装置或者定期手动加药，并对冰槽内的水质进行监测。

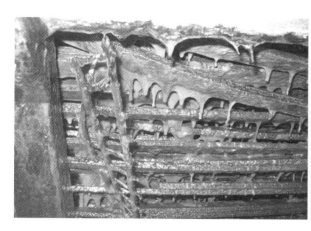

图 12.2.5 部分未做化学水处理的冰槽实景

问题【12.2.6】

问题描述：

乙二醇系统盘管入口未采取任何过滤、除污措施，在系统运行初期，导致大量污物进入蓄冰盘管，后期污物无法排除，严重影响冰槽蓄冷量。

原因分析：

乙二醇系统管道内存在施工产生的大量焊渣及其他污物，安装初期运行时，容易将污物带入蓄冰盘管内（图 12.2.6）。

图 12.2.6 蓄冰盘管污物堵塞实景

应对措施：

建议在冰盘管入口安装过滤器或除污器，避免焊渣等污物进入盘管，并设置旁通管，在系统运行稳定后视现场具体情况考虑拆除过滤器或旁通管运行；管道尽量采用法兰连接或采用装配式连接，以减少焊渣的产生。

问题【12.2.7】

问题描述：

冰槽盘管未考虑维修条件，导致蓄冰盘管无法维修。

原因分析：

蓄冰盘管质量参差不齐，且因经常用普通乙二醇溶液代替抑制性乙二醇溶液以及镀锌质量、水质保养或其他运行维护原因，导致盘管寿命低于设计寿命，如果设计时未考虑蓄冰盘管的维修条件，会导致后期蓄冰盘管无法维修。

应对措施：

建议盘管选择时考虑全寿命周期，预留维修吊装孔或让槽体靠近停车库墙壁，或者其他便于维修的通道位置。

问题【12.2.8】

问题描述：

乙二醇溶液泄露造成盘管外的水无法结冰，且乙二醇溶液成本高，造成浪费。

原因分析：

由于管道受损、密封不严密及其他原因导致乙二醇溶液泄露，造成盘管外的水无法结冰，且乙二醇溶液成本高，造成运行成本的浪费。

应对措施：

建议设计考虑乙二醇泄露报警装置，当乙二醇发生泄漏时能及时发现并维修。

问题【12.2.9】

问题描述：

碳钢槽体现场镀锌、防腐质量不稳定，导致碳钢槽体结构变形、垮塌。

原因分析：

碳钢槽体需要内、外防腐，由于一般碳钢槽体都是现场制作，内部采用环氧树脂或喷锌防腐，但由于基层处理不干净和操作人员技术等原因，防腐质量不稳定，导致盘管防腐涂层剥落，盘管槽体结构变形或垮塌（图12.2.9-1、图12.2.9-2）。

图 12.2.9-1　槽体垮塌图

图 12.2.9-2　槽体锈蚀图

应对措施：

建议优先采用 304 不锈钢槽体，按 2mm 左右不锈钢钢板设计，不需要防腐，试水不漏、承压没问题即可，使用过程中就不用担心防腐工艺质量问题。2mm 的不锈钢板由于不需要防腐，成本和通常采用的 8mm 碳钢槽体接近（图 12.2.9-3、图 12.2.9-4）。

图 12.2.9-3　304 不锈钢槽体安装完成图

图 12.2.9-4　304 不锈钢槽体施工过程图

问题【12.2.10】

问题描述：

深圳梅雨季节制冷机房内系统管道结露，机房到处滴水（图 12.2.10）。

图 12.2.10 梅雨季节机房管路保温材料结露

原因分析：

深圳梅雨季节机房内的相对湿度超过 95%，会导致保温材料表面结露，且保温效果下降。

应对措施：

建议在梅雨季节关停机房通风系统，避免室外高湿空气通过通风系统进入室内，同时开启机房内空调机组，降低机房内湿度。

问题【12.2.11】

问题描述：

冰蓄冷乙二醇系统膨胀量计算错误，导致定压系统安全阀经常出现间歇性打开排液现象。

原因分析：

乙二醇系统膨胀量未精确计算，乙二醇溶液在蓄冰时因温度低，密度增加收缩，在白天直供时因温度较高，会膨胀，系统采用定压膨胀补液装置进行调节，膨胀装置的容积过小导致定压系统安全阀经常出现间歇性打开排液现象。

应对措施：

精确计算乙二醇溶液膨胀量，按 25% 乙二醇体积浓度，在常温 30℃、低温 -7℃ 的条件下比重计算为：$(1.051-1.038)/1.038 \times (乙二醇溶液体积 \times 4)$，具体要根据乙二醇溶液厂家样本进行复核计算（图 12.2.11）。

WINTREX®水溶液膨胀系数

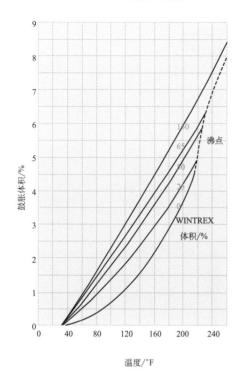

温度/°F	WINTREX®体积百分含量							温度/°C
	25%	30%	40%	50%	60%	65%	100%	
0			1.081	1.099	1.113	1.121	1.158	-18
10	1.053	1.062	1.078	1.096	1.110	1.118	1.155	-12
14	1.052	1.061	1.078	1.095	1.109	1.116	1.153	-10
20	1.051	1.060	1.076	1.093	1.107	1.114	1.151	-7
30	1.049	1.058	1.074	1.090	1.104	1.111	1.147	-1
32	1.049	1.057	1.073	1.090	1.103	1.110	1.147	0
40	1.048	1.056	1.071	1.088	1.101	1.108	1.144	4
50	1.046	1.054	1.069	1.085	1.098	1.105	1.140	10
60	1.044	1.051	1.066	1.082	1.095	1.101	1.137	16
68	1.042	1.050	1.064	1.080	1.092	1.099	1.134	20
70	1.042	1.049	1.064	1.079	1.092	1.098	1.133	21
80	1.039	1.047	1.061	1.076	1.088	1.095	1.129	27
86	1.038	1.045	1.059	1.074	1.086	1.093	1.127	30
90	1.037	1.044	1.058	1.073	1.085	1.091	1.126	32
100	1.035	1.042	1.056	1.070	1.082	1.088	1.122	38
104	1.034	1.041	1.054	1.069	1.081	1.087	1.120	40
110	1.032	1.039	1.053	1.067	1.079	1.085	1.118	43
120	1.030	1.036	1.050	1.064	1.075	1.081	1.114	49
122	1.029	1.036	1.049	1.063	1.075	1.081	1.114	50
130	1.027	1.034	1.047	1.061	1.072	1.078	1.111	54
140	1.024	1.031	1.044	1.058	1.069	1.075	1.107	60
150	1.021	1.028	1.041	1.054	1.066	1.071	1.103	66
158	1.019	1.025	1.039	1.052	1.063	1.069	1.100	70
160	1.018	1.025	1.038	1.051	1.062	1.068	1.099	71
170	1.015	1.022	1.035	1.048	1.059	1.064	1.095	77
176	1.013	1.020	1.033	1.046	1.057	1.062	1.093	80
180	1.012	1.018	1.032	1.044	1.055	1.061	1.091	82
190	1.009	1.015	1.028	1.041	1.052	1.058	1.087	88
194	1.007	1.014	1.027	1.040	1.051	1.056	1.085	90
200	1.005	1.012	1.025	1.038	1.049	1.054	1.083	93
210	1.002	1.008	1.022	1.034	1.045	1.051	1.079	99
212	1.001	1.008	1.021	1.034	1.045	1.050	1.078	100
220	0.998	1.005	1.018	1.031	1.042	1.047	1.075	104
230	0.994	1.001	1.015	1.027	1.038	1.044	1.071	110
240	0.990	0.998	1.011	1.024	1.035	1.040	1.067	116
248	0.987	0.995	1.009	1.021	1.032	1.037	1.063	120
250	0.987	0.994	1.008	1.020	1.031	1.037	1.063	121
260	0.982	0.990	1.004	1.017	1.028	1.033	1.058	127
266	0.980	0.988	1.002	1.014	1.026	1.031	1.056	130
270	0.978	0.986	1.001	1.013	1.024	1.030	1.054	132
275	0.976	0.984	0.999	1.011	1.022	1.028	1.052	135

图 12.2.11　WINTREX®水溶液比重

12

第 13 章　人防通风

13

问题【13.1】

问题描述：

进风油网滤尘器不能设置在进风扩散室中，应设置在除尘室中（图 13.1）。

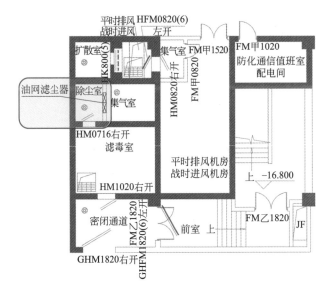

图 13.1　进风口部平面图

原因分析：

设计人员设计经验不足，或者未能真正掌握人防设计的原理及规范的本质。若设置在进风扩散室中，冲击波会导致油网滤尘器所承受的冲击波压力值超过 0.05MPa。

《人民防空地下室设计规范》GB 50038—2005 的表 5.2.11 中明确的是"经过加固的"油网滤尘器抗空气冲击波允许压力值为 0.05MPa，若未经过加固则并非此值（这是西北核试验的结论）。因此，在材料表中，应当在备注中明确"经过加固"，即在油网滤尘器后用扁钢或角钢作"井"字形加固。

应对措施：

熟悉掌握人防规范各规定的本质及原理，注意冲击波对人防工程的危害。

问题【13.2】

问题描述：

柴油发电机喇叭口直接接至排风井，会导致风排不出去。

原因分析：

战时电站内柴油发电机机头风扇风压一般仅 10～13mm 水柱，而人防悬摆式防爆活门的风阻一般达 20mm 水柱。

应对措施：

人防地下室柴油发电机应设置排风接力风机，引风管接至排风井，如图 13.2 所示：

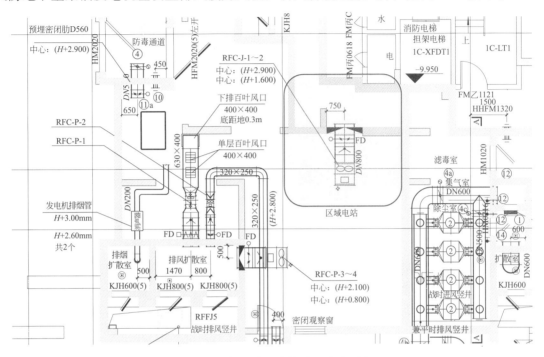

图 13.2　某区域电站战时通风平面图

问题【13.3】

问题描述：

防空地下室进风系统中漏设风量调节阀（图 13.3 中编号 10）。

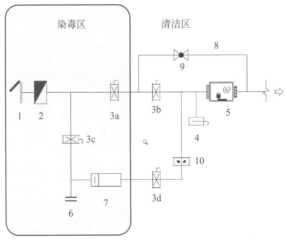

图 13.3　清洁通风与滤毒通风合用通风机的进风系统

13

原因分析：

设计人员不了解该阀门用途。战时滤毒通风初期，如电源有保证，可电动开启手摇、电动两用风机（或电动、脚踏两用风机），按常用风机型号（F270-2 型，风量 500～1000m³/h），风机一旦电动开启，其出风量瞬时达到 1000m³/h，必然超过过滤吸收器的额定风量（透毒现象产生），此时逐渐调小风量调节阀 10 的开启角度来控制通过过滤吸收器的风量，同时通过设在过滤吸收器总出风口处的尾气监测取样管 6 的不间断监测，当毒剂成分及含量降到允许范围时，固定风量调节阀 10 的开启角度，在此开启角度下，通过过滤吸收器的风量能够控制在额定风量之下。

应对措施：

牢记此调节阀的作用，防止漏设导致产生透毒现象。

问题【13.4】

问题描述：

人防柴油发电机房的进风系统，未设置油网滤尘器。

原因分析：

在《防空地下室移动柴油电站》07FJ05 图示里未设置油网过滤器，且在实际设计中电站进风量也非常大，油网滤尘器布置起来相当麻烦。

应对措施：

应设置油网过滤器，可用于战时过滤粗颗粒的爆炸残余物，减少战后电站机组的染毒清洗难度。故有条件时就布置，具体可与当地人防办、人防审图单位沟通。

问题【13.5】

问题描述：

防化通信值班室未设置新风系统，如图 13.5 所示。

原因分析：

设计人防通风时，忽略了《民用建筑供暖通风与空气调节设计规范》GB 50736—2012 第 3.0.6 条规定。

应对措施：

熟悉相关规范及人防通风、人员掩蔽原理，系统应满足保障人员卫生及生命安全的功能。

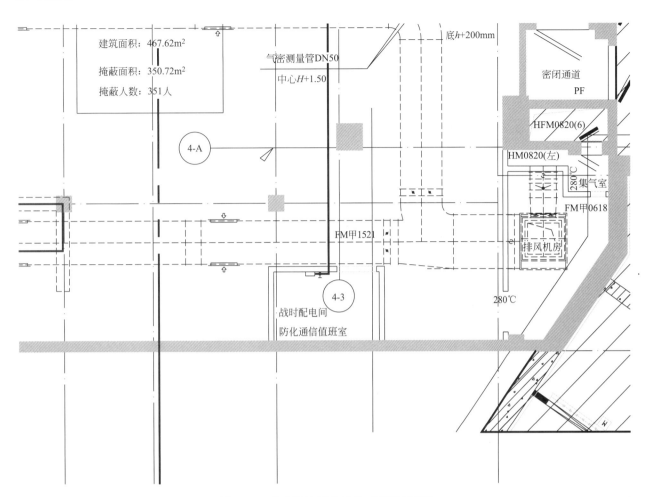

图 13.5　某人防掩蔽单元战时通风平面图

问题【13.6】

问题描述：

压差测量管及尾气检测取样管末端阀门设置于集气室内，如图 13.6 所示。

原因分析：

设计人员不熟悉滤毒通风时压差测量管及尾气检测取样管的工作原理。

应对措施：

1）在滤毒室内进入风机的总进风管上和过滤吸收器的总出风口设置 $DN15$ 尾气检测取样管，在该管末端设置截止阀；在有网滤尘器的前后设置管径 $DN15$ 的压差测量管，其末端设球阀；上述阀门均位于滤毒室内人员可操作处。

2）加强学习和培训，熟悉清洁、滤毒、隔绝通风方式下系统各阀门及部件的工作原理。

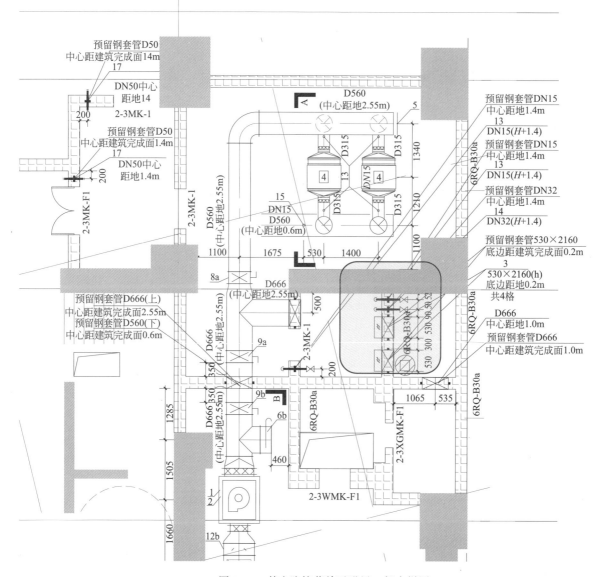

预留钢套管D50
中心距建筑完成面14m
17

DN50中心
距地14
2-3MK-1
200

预留钢套管D50
中心距建筑完成面1.4m
17

DN50中心
距地1.4m

2-3MK-F1

2-3MK-1

D560
(中心距地2.55m)
A

D315

D315

D315

D315

4

DN15 4

D560
(中心距地2.55m)

15
DN15
D560
(中心距地0.6m)

1100 1675 530 1400

8a

D666
(中心距地2.55m)

500

预留钢套管D666(上)
中心距建筑完成面2.55m
预留钢套管D560(下)
中心距建筑完成面0.6m

D666
(中心距地2.55m)

9a

2-3MK-1

200

1285

D666 350
(中心距地2.55m)

9b B

6b

D666 350
(中心距地2.55m)

1505

460

1660

1/2

12b

2-3WMK-F1

6RQ-B30a

2-3XGMK-F1

1065 535

预留钢套管DN15
中心距地1.4m
13
DN15(H+1.4)
预留钢套管DN15
中心距地1.4m
13
DN15(H+1.4)
预留钢套管DN32
中心距地1.4m
14
DN32(H+1.4)
预留钢套管530×2160
底边距建筑完成面0.2m
3
530×2160(h)
底边距地0.2m
共4格

6RQ-B30a

530 300 530 90 50 52

6RQ-B30a

D666
中心距地1.0m
预留钢套管D666
中心距建筑完成面1.0m

6RQ-B30a

6RQ-B30a

5

1340

1210

1100

图 13.6　某人防掩蔽单元进风口部大样图

参考文献

［1］ 民用建筑供暖通风与空气调节设计规范：GB 50736—2012：条文说明［S］.北京：中国建筑工业出版社，2012.

［2］ 建筑设计防火规范：GB 50016—2014：2018 年版［S］.北京：中国计划出版社，2018.

［3］ 建筑防烟排烟系统技术标准：GB 51251—2017［S］.北京：中国计划出版社，2017.

［4］ 公共建筑节能设计标准：GB 50189—2015［S］.北京：中国建筑工业出版社，2015.

［5］ 人民防空地下室设计规范：GB 50038—2005［S］.北京：中国建筑标准设计研究院，2011.

［6］ 陆耀庆.实用供热空调设计手册［M］.2 版.北京：中国建筑工业出版社，2008.

致　　谢

在本书的编撰过程中，编委广泛征集了工程设计、咨询、建造及工程管理等意见，得到了很多单位及个人的大力支持，在此致以特别感谢！（按照提供并采纳案例数量排序）

1. 深圳市华森建筑工程咨询有限公司

姓名	条文编号
王红朝	1.1.2、1.1.6、1.2.1、5.3、5.8、6.1.8、6.1.10、6.2.17
郭贤东	1.1.1、1.1.3～1.1.5、1.2.2、2.2.2、5.1～5.7、5.9～5.12、6.1.7、6.1.9、6.2.15、6.2.16、10.2.5、13.5、13.6
资晓琦	3.1.6、3.2.3、4.4.4、4.5.1、4.5.4、6.1.1～6.1.6、6.1.11、6.2.1～6.2.9、6.2.18～6.2.21、10.2.2～10.2.4

2. 悉地国际设计顾问（深圳）有限公司

姓名	条文编号
彭洲	2.2.1、2.2.3、3.1.2、3.1.4、3.1.8、3.3.1、4.1.1、4.3.1、4.4.5
吴宇贤	3.1.5
谭晓君	4.5.2
李亚姿	2.1.8、2.1.9、2.1.12、2.1.13、2.3.2、3.1.1、4.3.4、10.2.1
杨德志	3.2.1、3.2.2、4.2.1、4.2.2、4.3.2、4.3.3、4.4.3
王珊	3.1.3、3.3.2、4.4.1、4.4.2
毕新平	4.1.5

3. 深圳市建筑设计研究总院

姓名	条文编号
常嘉琳	6.2.11
周建戎	11.1.1～11.1.3、11.2.1～、11.2.5
肖辉灿	10.1.4
闻宇	6.2.13
赵红雨	2.3.1、5.8、10.1.3
杨敏	10.1.5
乔哲	11.1.4、11.1.5
罗泓峰	4.3.5、10.1.2
黄昌	10.1.6

4. 深圳市华阳国际工程设计股份有限公司

姓名	条文编号
赵伟	12.2.1～12.2.8
程军	12.1.5、12.2.9
苗建增	9.1、12.1.1～12.1.4
颜富康	12.2.10、12.2.11

5.香港华艺设计顾问（深圳）有限公司

姓名	条文编号
钟栋对	13.1～13.4
洪木荣	7.1.2、7.1.8
高龙	7.1.1、7.1.4、7.1.5、8.1、8.2
陶嘉楠	7.1.3、7.1.6
蔡健铭	7.1.7、7.1.9
李良财	8.3、8.4

6.深大源建筑技术研究有限公司

姓名	条文编号
陈鼎安	2.1.10、2.1.11、3.1.7、3.1.9、3.2.4、5.4、5.5、6.2.10、10.1.1
田拥军	4.1.2、4.1.3

7.深圳市和域城建筑设计有限公司

姓名	条文编号
莫耐议	4.1.6、4.5.3、6.2.12

8.方佳建筑设计有限公司

姓名	条文编号
赵庆	4.1.4、4.1.7、6.2.14

9.深圳市森磊镒铭设计顾问有限公司

姓名	条文编号
李波	2.1.1～2.1.7

10.欧文托普（中国）暖通空调系统技术有限公司

姓名	条文编号
文婉华	4.4.6

11.筑博设计股份有限公司

姓名	条文编号
徐峥	9.8、9.9～9.11
杨九申	9.1～9.7